AQUARIUS

AQUARIUS

AQUARIUS

AQUARIUS

Vision

一些人物，
一些視野，
一些觀點，
與一個全新的遠景！

阿步（浪漫巡山員）著

【推薦序】

巡山員，浪漫嗎？

／白心儀（生態節目製作人&主持人）

「這份工作一點都不浪漫，浪漫的是這環境給了我們堅持下去的動力」。

這是「浪漫巡山員」的臉書粉專開宗明義的簡介，看來許多人都有相同疑問。

「《火神的眼淚》，大家追了嗎？裡面的消防隊員各個英俊又挺拔！那……〈山神的眼淚〉，大家看了嗎？雖然不是英俊挺拔，但每個人身負重任，也是要把森林裡的火煙滅掉……原來，山神的眼淚，也是我們巡山員的眼淚。」

這一篇發文被分享兩千多次，我也是看到朋友的轉po，才認識傳說中的浪漫巡山員~阿步，後來，我也成了他的粉絲。每每看到阿步娓娓道來巡山員不為人知的心境，我就在想，應該出一本書吧！

終於，阿步要出書了。把九年的工作歷練，濃縮成一本翻開扉頁就捨不得放下來的好書。

大多人不太清楚「巡山員」，也就是「森林護管員」的工作性質是什麼，包括阿步自己。他憑著對山林與自然的熱愛，憑著憧憬和傻勁，報考這個在外界眼中，「躲在山上不上班，天天喝酒、打麻將」的職業。報到以後，他才知道，從海拔〇公尺到三千公尺，從濕地到玉山，從山難救援、撲滅山火、抓山老鼠、租地管理、森林環境調查到動物救傷，甚至拆掉臨時搭建的土地公廟，都屬於巡山員的「業務範圍」，真的是管很寬、管很大。

阿步特別詳述自己和山老鼠正面對決的瞬間。他說山老鼠有五種：砍伐漂流木的叫「水老鼠」；竊取牛樟菇的叫「樟頭鼠」；專門挖取老樹，賣給園藝店的是「掘地鼠」；而專砍活著的老樹的「巨木鼠」最惡劣；為數最多的是「樹頭鼠」。

「巡山員與山老鼠的關係，有點像是鬼抓人的遊戲。表面上看起來政府賦予我們抓山老鼠的業務，但其實卻沒有給我們抓山老鼠的權利……」豈止沒給權利，連裝備都沒有。阿步第一次遭遇的山老鼠，竟然還帶槍！但是，巡山員能跟山老鼠「拚命」的傢伙，只有辣椒水和鐮刀。所以，前輩們都會提醒再提醒，遇到山老鼠，千萬別正面衝突，先蒐證，其餘等森林警察來再說。我想起去年遠赴印度，拍攝老虎保育，國家公園的巡守員 RANGER，身上只配戴一根長棍。遇到老虎的時候，就拿長棍威嚇，嚇跑老虎。資深巡守員告訴我，老虎從沒攻擊過他們，所以棍子就足夠。但我相信，人類絕對比動物可怕。

除了山老鼠只顧利益、不顧生態的貪婪讓他憤怒，很多時候，遊客的行為也讓他寒心。有違規露營的；有順手切一塊木頭回家，只是要聞香香的；有用聲音用食物誘拍鳥類的；還有人播放猛禽的聲音，嚇得鵂鶹（台灣最小的貓頭鷹）爸媽不敢出來覓食，差點餓死寶寶。當他試圖阻止這些掛著生態攝影大師名號的人用不擇手段的方式拍照，對方卻嗆：「你們領我們納稅人的薪水，還這種態度！」還包圍他的機車！最令他沮喪的，當他到派出所報案，員警問他：「幹

麼要把事情弄得那麼複雜呢？幹麼要那麼認真呢？」被勸退以後，他轉身大哭，心中有太多的不平和無奈：「為什麼他們可以把犯錯說得那麼理所當然？我真的不想做了，我的努力好像都沒有意義！」

讀到這，我既不捨這個滿腔熱情卻被現實澆熄的年輕人，又好慶幸他沒有因此放棄工作與理想，不然，哪還有「浪漫巡山員」呢？

其實，這工作，哪來的浪漫，尤其是面對森林大火。那種惡火，阿步曾形容，是烽火連天，和戰爭沒兩樣。處理森林火災是巡山員的第一線任務，「濃煙吸好、吸滿，物資背好、背滿」，背負二十幾公斤的裝備攀上爬下，酷熱的天氣還要穿上厚重的防火衣，火在燒，身體也在燒……救火的過程，落石砸傷、燙傷、手指破皮、腳起水泡都是日常。阿步連給家人的遺書，內容都想好了，因為這份工作危險、艱困，很擔心沒交代什麼隻字片語，萬一，不小心摔落山谷，或是在森林火場中，走了……

「但比起這片森林受到的傷害，這些都是小傷。我們只要休息個一、兩天就會痊癒，但這片森林又要用多少的時間，才能恢復成以往那鬱鬱蒼蒼的樣貌？」他感嘆，台灣的森林火災發生原因，百分之九十九是人為，違法野炊的、亂丟菸蒂的……九年的巡山人生，看見最唯美的自然，也看見最醜惡的人性，心中頓生「生而為人，我很慚愧」的感慨。

還好，再悲苦的情懷，總還有阿步式的浪漫。即使在火場，滿臉灰燼，被煙嗆得一把鼻涕一把眼淚，一整天只吃了幾口放到發酸的便當，他仍把雷鳴、雨聲、風的呢喃、心跳的狂跳和動物的鳴叫，在腦海，譜成生命的交響樂曲。

一名合格的巡山員，得苦練十三種繩結法，克服恐懼，完成直升機垂降訓練；要能攀樹、溯溪，要懂植物辨識、木材辨識，要了解病蟲害防治，還要會園藝……十八般武藝樣樣精，現實卻是，**「很多人都認為我們是公務員，但實際上，我們卻是廣義的公務員。要懲處的時候，身分變成了公務員，但真的要福利的時候，卻說我們是用約僱人員條例……法規的無奈，至今政府還無法給我們巡山員一個正式的名分，卻期待我們無止境地燃燒自己的熱忱。」**

在熱忱尚未燃燒殆盡之前，社會大眾真的需要更關心、關注這群高危險及高風險，付出心力、體力、汗水、淚水的山林守護者。

闔上書之前，我想起阿步問自己的一句話：

「如果今天森林是這樣治癒我們，那麼，我應該如何回饋給這片土地？」

希望讀者和我一樣，也能從這一本書，找到答案。

【推薦序】

浪漫背後的山林戰役

／林華慶（林業及自然保育署署長）

台灣的廣袤山林，仰賴的是第一線的守護者——森林護管員，也就是我們熟知的「巡山員」，不分日夜，無分晴雨地守護。為了保護這片鬱鬱蔥蔥，他們的足跡踏遍山林的每一吋土地。當祝融肆虐山林，他們千里馳援、揮汗撲救；當倒木橫陳、路基崩塌，他們明察秋毫，即時排除報修、監測通報。在守護台灣森林資源的崗位上，與森林的命脈緊緊相繫。

當守護山林，他們如山一般堅強、剛毅；而當陪伴山村林農，或保護珍稀物種，他們又如水一般溫婉、輕柔，如陽光般溫暖無垠。過去對森林護管員的印象，僅在山林救火、追緝「山老鼠」盜伐等勤務，但他們同時也是台灣山林治理第一線的觀察者、照護者。瀕危的動物，在紅外線照相機的快門下一一現蹤，是因為有他們安裝與巡視，從更換電池，到清除鏡頭視野中的雜草，以避免風吹草動觸發相機而拍到空景；珍稀的植物，得以被記錄下令人屏息的身影，是他們背負重裝，在杳無人跡、寒冷、潮濕的山徑踏行之際，甚至攀上高聳的巨木頂端，溫柔地為森林把脈，山神回贈的禮物。

這些戰士們，守護的早已不僅僅是樹與山，他們捍衛的，是自然生態系及生物多樣性的完整及永續，甚至是山村部落的生計、活力及文化傳承。他們運用在地智識，與居民共同推動林下經濟、產業活絡，為山林找回年輕的靈魂，部落文化也因此在地扎根，再現風華。每一位森林護管員，他們踐行種種照護山林的一切，對生態的保全及庇護，是任何一項山林治理政策得以成功的關鍵。山林治理的核心價值，是關注身在其中並倚賴森林資源為生的人們。而護管員，是人與自然的聯繫、是生物多樣性及永續得以實踐的觸媒。他們在山裡每一次的踏巡、與山村居民每一回的互動，所思、所言、所感及行動，都是在向這塊土地、這個世界宣告，什麼才是我們值得珍視的寶藏、應該堅守的價值。

本書的作者，浪漫巡山員——阿步，用文字訴說工作上的經歷及體驗、山中生活的點點滴滴，及森林現場的美麗與哀愁。參與過多次森林火災、黑熊救傷、山難救援、深山特遣等艱鉅挑戰性任務的他，讓讀者看見，浪漫與熱情背後的付出與辛酸。他的文字，時而婉言輕訴，時而大聲疾呼，帶領著任何曾經或未曾身歷其中的讀者，進入他的世界，體驗山林的氣味、林間的聲響，及身為巡山員——一位與自然朝夕相繫者的呼吸及心跳。每個段落，是與自我的交心對談，也是試圖喚醒公眾的呼召。

過去外界對巡山員的關注，往往只聚焦在他們展現的集體績效及行為。救傷了多少動物、撲滅了幾場森林大火、破獲了幾件森林盜伐、救援了多少山中迷途的遊人，但每一張報表、每一個新聞事件的背後，他們都有自己的故事及獨一無二的生命經驗。這些文字，彙聚了他們對自然知識的理解、山林治理政策的執行，與山村居民情感的互動及面對危難的堅毅及勇氣。

台灣有一千一百餘位森林護管員，平均每人巡護森林面積近兩千公頃，每位都是台灣山林得以綠意盎然、生生不息的守護者，是山林治理的前線尖兵。我們期待讓更多人看見，他們在荒野山林間，翻越崇山峻嶺、跨渡湍急溪流的身影；聽見他們在守護山林時，所經歷的每一場艱鉅的戰役。也願他們在面對與山林最核心的權益關係人——山村部落居民時，能有更多的傾聽與同理，縫合這些倚賴森林生活者與山林間原有的親「密」關係，尋求共同的永續核心價值，攜手重塑人與自然和諧共生的願景。

【推薦序】

走出山林「心」思維

／郭彥仁（郭熊）（黑熊保育工作者；作家）

「在荒野漫遊，感覺自然而真實，另一個世界反而有如小說，與我認知的真實完全無關。」

——藍迪

第一次讀到美國內華達州國王峽谷國家公園傳奇巡山員藍迪的故事，成為我對巡山員的啟蒙。藍迪喜歡獨自一人巡山，乍看離群，棲居於簡陋的避難小屋，熱愛山林更甚城市，生活簡單、樸素如修道僧，卻對每位山友熱情且無私奉獻。

《山中最後一季》，從藍迪的故事看見美國國家公園巡山員的工作日常。在台灣，同樣

有這樣一群人。多數人都聽過「巡山員」稱呼，同樣對這份工作有許多幻想。對都市人來說，巡山員必須面對危險且不安定的工作，天馬行空的想像，似乎也表明現代人對山林陌生的想像，同樣也透露對自然的抗拒和不理解。

「一個人在山上，會不會被魔神仔牽走？」

「山崩、土石流怎辦？」

「你一個人，不會怕有熊來喔？」

「要不要考慮換一份正經的工作。」

我猜想多數森林護管員應該都被遊客問過類似的問題，擔憂卻帶著幾分幽默、有趣，然而，當護管員轉身面山地村落居民，似乎氣氛就嚴肅許多。森林護管員代表一種權威的監督者，尤其面對山地租地、農業生計、查緝盜伐、法律條文、政策宣導……森林護管員似乎得承接許多異樣的眼光。

如何面對「體制」、保持「理想」與溝通「在地」，成為每一位森林護管員的修煉課題。

我在認識阿步以前，因為一些山林議題開始關注「浪漫巡山員」的粉專。

阿步的文章淺顯易懂，字字句句帶著濃烈的情感，有時讀來撥雲見日，有時一針見血，有時循循善誘，讓人感受作者懷抱理想，用心良苦。當得知他是一位編制內的森林護管員時，我不免替他捏把冷汗。

喜歡自然應該是多數人選擇這份職業的初衷，工作即可徜徉於森林懷抱之中。然而，森林護管員是科學知識與經營管理最佳體現者，必須冷靜、理性看待山林經營管理，嘗試透過管理、保育，讓森林資源得以永續。

如此理性且科學的職業，卻將浪漫放在理性的前方，為何？

「浪漫意謂著不浪漫？」

「浪漫隱喻著作者內心的渴望？」

多數喜歡山的人，期待自己能逃離現實，嘗試靠近崇高的理想之境，然而，從阿步的文章，我卻感受到苦行朝聖者的踏實，不過分浮誇，字字真誠，寫出日常工作狼狽的模樣，讓「浪漫」更添加幾分「浪漫」。

台灣的山地幅員廣闊，地形複雜。森林護管員戲稱辦公室有一千公頃之大，這是第一線工作者的自我期許。舉凡和森林有關的事務皆是森林護管員的事。

因緣際會之下，我常和森林護管員打交道。

無論是山難搜救、深山的生態調查或緊急處置人、熊衝突事件，我的身旁總會有幾位護管員偕行。有時是最佳嚮導，有時是不可缺乏的助手，有時是重要的資訊來源，卸下護管員的身分之後，我們更是好友。

成為一位森林護管員，必須十八般武藝樣樣具備，除了本科學派之外，工作如特戰部隊一般，一年數趟的深山特勤任務、查緝盜伐，三不五時得協助山難搜救或打火任務，絕非常人所能想像的工作。

近年業界開始重視科技與社會研究（Science-Techology-Society，簡稱STS），強調人才培訓的過程，需重視人文素養的養成，並延伸科技，連結社會和環境議題，而我認為核心價值在於讓人由專才再次走向跨領域的通才，至於其中最大關鍵是人文關懷。

過往，每當在山區部落提到林務局（林業及自然保育署的舊稱）總能聽到調侃意味濃厚的稱呼，例如林先生、最大的山老鼠……不過，近幾年似乎逐漸出現轉變，許多山村居民也似乎感受到新氣象。

事實上，二〇二〇年，聯合國生物多樣性大會發布「昆明宣言」開始，自然資源的永續利用和原住民族的傳統文化、知識成為國際主流。林業及自然保育署迎向世界浪潮，積極重視原住民文化與資源永續利用的方法。

管理單位試圖打破框架，期盼能將現代管理策略與原住民的傳統知識結合，達到資源永續之目標。

理念崇高，但不易推動，此時，身為管理單位最基層的森林護管員，更需要關心、理解和溝通，而森林護管員即是STS價值最佳的表現。

森林護管員是居中協調不可缺的角色。雖然管理是森林，但是所有森林保育的議題，其實終圍繞在人的議題之中，無論是林地租界使用、山難搜救、森林保育、查緝盜伐、原住民族採集、傳統領域共管……所有業務都圍繞在人與人的關係之中。

這是一份艱鉅的挑戰。幸好，我從浪漫巡山員的文章之中，感受到專業技能，且帶著濃厚的人文素養情懷。我始終相信「巡山員」在世界的浪潮之下，將會被更多人重視。

目錄

輯二 我的巡山員之路

輯三

巡山員的內心話

【序曲】

他大聲說著：「沒救了，那兩個人沒救了……」

雪白世界

故事的一開始總是特別浪漫。我永遠忘不了第一次來報到的場合就是在大雪紛飛的季節裡，那年是台灣難得一見的「霸王級寒流」來臨的日子。活了三十幾年，也只有在那年聽過霸王級寒流，聽起來特別威武，也特別猛烈。對，那年的我竟然要上山當巡山員！

山神給的見面禮

二〇一五年，我還在新北汐止上班。離汐止最近的山不外乎就是五指山，還有新山。假日時，我偶爾會上去走走。還記得要離開汐止來台中受訓時，因為霸王級寒流來襲的關係，我從汐科火車站看向遠處的五指山頭，竟是一片雪白景象，或許這是第一次山神給我的見面禮。從汐止遠眺雪白山頭，像是沾了糖霜的冰淇淋。

考上巡山員後，其實不會立刻分發到各個工作站，我也不知道自己到底會被分到哪裡。而當我來報考東勢處的時候，我還真的不知道這裡是所謂的籤王之選，因為有個梨山大魔王的工作站，幾乎分到那裡的人，要麼可以待很久，要麼一下子就走人了。

「就算你在 101 上班，我的辦公室一定也比你們還高！」

很幸運地，我分到了鞍馬山工作站，那裡鳥語花香，海拔兩千公尺，唯一的問題大概就是……員工比居民還多、動物比人類還多吧。沒有超商、沒有百貨公司，只有樹、大樹、更大的樹……

「就算你在 101 上班，我的辦公室一定也比你們還高！」第一次報到時，我心中的金句大概就是這句話了。

從鞍馬山工作站望出去的玉山群峰，天氣好時還可以看到波光粼粼的日月潭閃爍著，這讓我心裡充滿著各種讚嘆與不可思議，有時候甚至覺得這是一場夢，一場美麗得不可思議的夢。

因為高海拔的關係，且又是霸王級寒流來的冬天，那年，坐著跟我一起來報到的同事的愛車，一路從果園跟工寮的林相慢慢駛上去。這一條號稱 200 林道的美麗公路，又稱作大雪山林道。

慢慢地，慢慢地，林相開始變成了福州杉林以及由孟宗竹與麻竹組成的森林，然後一個轉彎又過了一個隧道，竹林的景色消逝在我眼前，取而代之的是殼斗科的森林，還有紅檜以及松樹圍繞的世界，偶爾還會有幾隻平地沒見過的鳥類在附近飛翔，甚至大冠鷲的叫聲也不絕於耳。

一路開到海拔兩千公尺的鞍馬山工作站，映入眼簾的不再是一片綠油油的景色，而是我從未見過的雪白世界。

雪地裡，兩個左手掌印記

初來乍到的第一天，眼前的景色都是白的。那年，我穿著一件大紅色的長毛象（瑞士戶外運動品牌，MAMMUT），腳穿黃靴，根本就是個觀光客！來到了雪白的森林，一時腦袋無法運轉，連相機都沒有帶在身上，索性就在雪地裡，印上我的兩個手印，象徵性地說：「我上來報到了。」但我還是想不通，為什麼我當初會蓋上兩個左手掌的印記？現在只能怪說，可能高海拔讓我當時腦袋缺氧，無法思考，所以有了奇怪的反應。

打電話跟主管說，我上來報到了。一開始以為應該有個盛大的迎新場面，或會有一些職員接待，但沒想到，我錯了！第一天報到的情形，電話那頭的主管對我說，他很忙，沒空，要我找其他職員處理。而我進到辦公室，竟然只有一到兩名職員。天啊！這真的是公家單位嗎？到底我有哪裡誤會了？

看到進來辦公室的我們，一位年長的女士說：「今天報到的新人嗎？你們先坐一下，他們全部都出門了，應該快回來了。你們再等一下。」於是，我開始在辦公室裡隨意走走，也到外面隨意晃晃。除了門外那銀白的雪地，讓我最有印象的就是矗立在門前的兩棵檜木。它們莊嚴而威武地站在辦公室門前，這完全不是都市裡可以體驗到的景色。

生命裡的第一場震撼教育

約莫過了半小時，辦公室的大門敞開，一個大約一百九十公分的男子，體重看起來也破百，戴著毛帽跟墨鏡，穿著防寒大衣，邁開步伐，大聲說著：「沒救了，那兩個人沒救了……」低沉的嗓音配著濃厚的台語腔。

旁邊一個體型嬌小的女性職員跑來說：「怎麼會這樣？」一臉快哭出來的樣子。辦公室沉寂了片刻。這對當時什麼都不懂的我，形成了一個極大的對比。

「喔？你們是新進人員嗎？你們好，剛剛我們全站的人員都去搜救了，剛剛才回來。」一百九十公分的同事冷靜地說道。

二〇一六年的一月，是的，當時霸王級寒流沒過多久，一對夫妻上山賞雪，下山時不慎打滑，因此車子飛出林道下方一百公尺的山溝，當場夫婦雙亡……這是後來從新聞得到的資訊，也是我在鞍馬山工作站時的第一個故事，更是我面對到關於生命的第一場震撼教育。

以前在平地，對於搜救與意外只會在新聞上看到，從沒想過我會如此近距離接觸。受訓完，剛報到的第一天就來了一場生命教育，也讓我知道，這些故事都不像是童話故事或日本漫畫那樣，永遠都有美滿的結局。

工作站的前輩們似乎都已經習慣這樣的場合與畫面，但從一開始的童話世界突然要你一夜之間長大成人，對我來說，有點難以接受。

一旁的同事冷靜看待，但另一旁的同事卻為此事落淚，也形成了極大的反差。山林帶給我們的，不會永遠都是美麗的，在第一天，我就知道了。美麗的事物只有在昨天，因為我們又平安度過了一天。

以前在平地，對於搜救與意外只會在新聞
上看到，從沒想過我會如此近距離接觸。

簡單的自我介紹以後，工作站主任就幫我們分配工作與宿舍，開啟準備山上工作的日子。

夜晚的森林是一首華麗的協奏曲

工作站的宿舍比想像中好很多。一個衣櫃、一張床，還有一張發霉的檜木書桌。每個人分到的宿舍不同，裡面的家具也會有些不一樣。起初，我對那張發霉的書桌有些反感，但久而久之，其實有張帶有年代風味的家具在房間也不錯。而當陽光灑落，微微的光倒映在書桌上，還有那不屬於平地世界的華麗雪景。

每次到新單位，不免俗的都會有迎新送舊。在平地時，不外乎就是去餐廳吃個飯，聊個過往經驗、哪裡人，還有大媽、大嬸會問有沒有女朋友啊之類的八卦，當然山上也不例外，只是沒有餐廳的森林，到底要如何迎新？Uber Eats 跟 Foodpanda 又不可能跑來深山裡，所以山林裡的每個前輩都特別會煮飯。粗獷的外表下，每個人都有顆愛下廚的少女心。

林業前輩吆喝一聲，那天下雪的晚上，我們隨著主任的腳步，來到山林裡的「祕密基地」。

夜晚的森林就像是一首華麗的協奏曲。開頭獨奏的往往都是山羌，那難聽又吵的聲音先劃破天際，伴隨著雲霧與夜幕降臨，再來黃嘴角鴞，啾~啾~的聲響伴隨著高亢的白面鼯鼠的嘹亮聲音，森林的夜晚正式來臨。

山上人家的娛樂總是簡單，不外乎就是唱歌、烤肉、喝酒、聊天，就與平時漫畫上看到的差不多。但在山上，我認識了一道料理，不知道它是客家料理，還是山林前輩自創出來的料理：「雞酒」。

這道料理簡單說就是酒精不燒開的燒酒雞。香菇、玉米、薑、栗子南瓜、高麗菜，以及燉了半晌的全雞，煮好之後，才是雞酒的精髓。前輩會依照個人喜好加入半瓶、整瓶，或是兩瓶的米酒，再熱呼呼的端上桌。在冬天的山林裡，每每這道料理一上桌，再冷的寒流都像是熱情的沙漠一般。

不過，隔天要上班的時候，就知道這需要多大的勇氣才能下床，因為我的頭痛死了。

輯一

巡山員的熱血與困境

巡山員

業務百百種，從山上到山下都屬於巡山員的工作

各種有權有勢的承租人，找了各種民代來關說，例如對我說：「我跟你們的長官很要好！」然後，手機拿起來就要直撥長官的電話。

剛來報到的時候，其實對巡山員這職位一知半解，連要做什麼，會分發到哪裡，全部都是不知道！憑著對自然的熱愛，以及當初想當消防員的熱忱，毅然決然地走上這條路。但巡山員到底是做什麼的呢？一直到考試的前一天，我都還無法找到相關的考古題，就連專門補習國家考試的補習班也無法提供，甚至那時候剛好有機會到羅東林業文化園區旅遊，心想可以問問，結果志工大哥、大姐也都說不出來。巡山員到底是什麼？怎麼那麼神祕？

巡山員是保「勞保」的公務員

不過，從父母或其他長輩口中得知，巡山員在長輩的眼裡，一直不是一個討喜的職業。外界對巡山員的認知，是躲在山上不上班，天天喝酒、打麻將，消失去哪不知道，有事沒事收紅包。大概是這幾點，讓巡山員這名詞一直以來都是個汙名，甚至我每次演講時，也都會拿這些話語消遣一下自己，例如「林務局」三個字如何代表巡山員？就是「喝」（台語）「霧」（喝完，看什麼都霧煞煞）「局」（台語，代表牌桌上的賭局），這當然也是從上一輩的人口中說出的玩笑話。

後來林務局局長為了要扭轉巡山員的形象，我們的稱呼漸漸變成「約僱森林護管員」，不過因為「約僱」這兩字的顯現，讓一些人的人生大事被百般阻撓，所以有一天，我們的「約僱」兩字就被拿掉，因而現在大家看到的稱呼就是「森林護管員」。護管員」（實際還是約僱制喔）。大家總會認為，我們是公務員，但實際上我都說，我們是保「勞保」的公務員。公務員的福利、制度，我們沒有，但懲處倒是與公務員一樣，這也是這職務看不見的黑暗面。

每次去宣導的時候，我都還是會說我是巡山員，我不會因為老一輩的認知不好就否定我自己

的身分。當我跟別人大方地介紹我是巡山員，我的目的是什麼，我為什麼來宣導，我想以此方式來扭轉巡山員的形象，而這比起跟遊客解釋護管員到底是做什麼的容易多了。

工作包羅萬象

巡山員的業務百百種，但要怎麼去形容我們的業務，實在是難上加難，所以憑藉著以前當講師的經歷，再配合當巡山員的資歷，我後來都跟遊客們說，我們巡山員的業務，舉凡從山下看到山上，無論是大事，還是小事，都是我們在做的喔！雖然很籠統，但卻是無奈的事實。

從海拔〇公尺上升到海拔三千公尺，沿路的氣溫與森林樣貌都大相逕庭，而巡山員做的業務，也是天南地北。

從低海拔的果園介紹到高海拔的圓柏、從擁有高聳神木的雪山一直到夕陽落日優美的高美溼地，實在很難讓人相信，這些都是我們的業務範疇。

當民代來關說……

剛分到鞍馬山的我，做的業務就是「租地管理」，主要是負責農民與果園的管理。

農民會來跟我們的林務局承租土地，等承租的時間，也就是九年到了，我們會針對彼此的租約內容，看看農民是否善盡管理的責任。如果沒有違約，我們就可以在雙方的見證下，和平地訂立下一次的契約，然後等九年後，我們再相見。

但夢想與現實往往有一大段距離，很多事情並非那麼的順利，因為有很多人違建、濫墾。小則不懂自己的土地界線到哪裡，大則人性的貪婪讓自己想獲利更多，於是工寮擴大、農地擴墾。這時候，我們就要當黑臉，去制止農民這樣的行為。

但法規往往沒有齊全，或是各種有權有勢的承租人，找了各種民代來關說，例如對我說：「我跟你們的長官很要好！」然後，手機拿起來就要直撥長官的電話。

從本來應該要遵守的法理情，變成要從情理法來辦理民間業務，之後不是公權力無法伸張，就是被大官關切，最後，我們在面對許多業務時都是多一事不如少一事的心態，因為上呈了，問題卻永遠還是存在。

另外，比較無奈的反而是聽從我們指示做事的承租人，因為他們很怕無法續約，所以要他們拆房子，要他們砍樹，要他們種樹，他們都沒有怨言，但最後，法規卻為了那群有權有勢的人轉了彎（上面叫做體諒民意），因此先做的人就像白癡一樣，而那些不守法的人最後卻變成了這場遊戲的勝利者。雖然想當一個正常、有良知的人，但一碰到這項業務最後幾乎都變成一灘爛泥。

山難救援、制止山老鼠、深山特遣

到了中海拔，開始進入台灣肖楠、台灣杉、孟宗竹、桂竹的領域，業務又稍稍地增加一些。除了「租地的管理」，還因為近幾年山難頻傳，所以有時轄區的巡山員不但要負責租地管理，假日時，還可能需要協助山難救援。

再一路繼續往上，森林開始變成由紅檜以及各種殼斗科組成的森林。海拔一千八百公尺到兩千多公尺，開始進入森林的生命的最重要區域——雲霧帶。因為雨量豐沛，也不會終年高溫，反倒是舒適、宜人的氣溫，所以這裡不但孕育了森林裡許多重要的生物，還培養出豐富的生態系。

而這裡的業務就廣了。每年氣候炎熱的時候，很多人都會跑來露營，導致有很多的車宿以及違規露營的遊客，巡山員這時候又要充當保母，秉持著「立場堅定、態度溫和」的公務人員形象去柔性勸說。

雲霧帶的生態豐富，從地上的青苔到邊坡上的神木，從冰河孑遺（源自冰河時期遺留至今的生物，例如紅檜、台灣冷杉、山椒魚及櫻花鉤吻鮭等）的山椒魚到食物鏈的王者——台灣黑熊，都會在這地方出現，也因此各種動物的保育、監測，還有制止非法盜獵的獵人與山老鼠的各種破壞，所以這裡的巡山員早出晚歸，作息不正常的大有人在。

再來一路到了三千公尺的高海拔，這裡的巡山員業務通常單純很多，但是環境卻又更險惡了，大部分都是需要重裝出勤，或搭乘直升機深入。有可能是救火，有可能是執行「深山特遣」，也有可能去調查森林環境，往往一出門就是五天起跳。其實對家人的思念，我覺得才是每個巡山員業務最大的難關。

海拔高了一些，溫度低了一些，但思鄉卻多了一點。

抱頭鼠竄

以鐮刀、辣椒水與山老鼠正面對決?!

我摸摸腳趾頭，又摸摸臉頰……原來我還活著。

我特別喜歡夜晚的山林，因為晚上的森林是獨處的最好時候。以前的宿舍位於海拔兩千、沒有人煙的地方。宿舍旁伴隨著一條溪流，每天晚上喝點小酒，電暖爐打開，伴隨蛙聲、水聲、蟲聲，就這樣跌入夢鄉。

上班時，大家會穿越一條夢幻的林間小路，美國鵝掌楸、台灣杉、台灣紅豆杉各種不同的樹木交錯而成的一條林蔭。上下班走回宿舍時，深深覺得自己是身在童話世界裡的角色。

而這樣得天獨厚的環境，自然而然有各種豐富的物種及資源。愛自然的人會很珍惜這些動、植物，每次看到自己認識的物種，都像是看到寶藏一樣，眼神發光、發亮，只不過在貪婪的人眼中，這更是寶藏。那群人，我們就稱作山老鼠。

五種山老鼠

我去宣導時，發現大部分人對山老鼠這三個字是熟悉的，但還是有部分的人認為是山林裡的老鼠。因此，我要跟大家說，山老鼠是一群看到木頭就想砍、就想拿取，不論是自用或是買賣，而罔顧自然保育及生態環境的一群人。

年紀跟我相似的讀者或許都聽過〈包青天〉這首歌，裡面的歌詞是將義俠大盜用五鼠去區分，而林業保育署也把山老鼠分作五類。有切鋸漂流木的「水老鼠」；有竊取牛樟菇的「樟頭鼠」；有專門挖取老樹，販售給園藝店的「掘地鼠」，還有最惡劣、專砍大棵活著的老樹的「巨木鼠」，專砍伐木時期遺留下來樹頭。但他們不是什麼義俠，而是大盜。

每個巡山員都瞪大眼睛

在我目前的巡山生涯裡，真正碰到山老鼠的場合不多，大部分都是犯案後跑走，或是看到我

們的人而逃之夭夭。

唯一一次正面遇到，是在溪流河床巡視時，那時候是以「深山特遣」的名義下溪流，進行五天以上的勤務。當時還在下游，已經快要走了一天，眼前約莫見到幾輛非法吉普車（無懸掛車牌）從上游方向開了過來。

車子異常破爛，車上沒放木頭。一開始，我們覺得可能是進來溯溪的遊客，便沒有多問。但當我們沿著蜿蜒的河床，繼續往前走時，眼前的景象讓每個巡山員都瞪大了眼睛。

明明是一輛看起來快解體的吉普車，上面竟然放著一根直徑快要兩米的肖楠樹幹，長度也大約有四、五米。

整輛吉普車幾乎都要被木頭壓得騰空飛起。在這種惡劣的環境裡，竟然還有人想把木頭運送出來。

我們看到車子後察覺不對勁，小心翼翼地前往車子附近，但發現駕駛座早已人去樓空，人不知道躲到哪裡去了。

不過，我們摸了一下引擎，還是熱的。他肯定躲在這附近，只是我們也不知道從何找起。

驚險萬分

以前常聽前輩提起遇到山老鼠的經歷，例如隊伍裡有兩位女生同伴啊，還要她們別過頭去，不要讓山老鼠發現她們的性別，然後前輩手握鐮刀，詢問山老鼠來意。刀光劍影的氛圍從前輩的眼神透露出那時候其實有多麼地危險，隨時可能出現像《賽德克・巴萊》出草的畫面。

「喂，車子裡有一把槍！」一聲喊叫把我從前輩的故事拉回到溪床下游。

什麼？有槍？還找不到人？媽啊，現在是什麼狀況？最危險的情況讓我遇到了嗎？等等會有一群老鼠拿槍衝出來，叫我們不要動嗎？

隨即同伴又說：「車鑰匙沒被拔走。我們要不要把鑰匙丟進溪水裡面啦？」

蛤？這群同事會不會太藝高人膽大？還是說……根本沒有神經？都不怕山老鼠突然拿著槍，往我們紮營目的地走去然後報復嗎？我們突然被殺死丟棄在河床下，然後變成媒體報導中的失蹤人口嗎？

不過，因為沒有森林警察的陪同，我們沒有任何公權力，所以趕緊聯絡外面工作站來支援後，我們就按照既定行程往下前進了。

但我睡在帳篷裡，始終輾轉難眠。

第二天，隨著鉛色水鶇的高歌鳴叫、溪床的潺潺流水，還有賓拉登爺爺敲碗吆喝大家吃飯的聲音。我摸摸腳趾頭，又摸摸臉頰……原來我還活著。

巡山員沒有抓山老鼠的執法權

我們巡山員與山老鼠的關係，有點像是鬼抓人的遊戲。表面上看起來政府賦予我們抓山老鼠的業務，但其實卻沒有給我們抓山老鼠的權力。

上述所提到的，因為沒有森林警察的陪同，我們就沒有任何公權力。是的，我們沒有執法權，需要有警察的配合，我們才能去抓山老鼠。

如果由我們巡山員去扣押對方，反而很可能被有心人士反咬我們是限制他們或妨礙自由。再加上我們無法攜帶各種武器，當山老鼠真的要跟我們拚命時，我們可能只剩下辣椒水或鐮刀可以自我防衛。

所以每當有新進人員進來的時候，機關總是耳提面命地跟我們提醒，如果真的遇到山老鼠，千萬不要跟他拚命，我們只要負責蒐證。其他的，就等森林警察來處理。

過去也聽說過，因為山老鼠大部分都是逃逸外勞，如果他們被抓到，很多都是必須要遣返回國，所以他們寧願賭命，也不想被抓。

常常到了最後關頭，山老鼠就跳下山崖，逃避追緝。他們寧願賭那一絲絲能活下去的希望，也不想被抓遣返。

因為礙於各種法規與公權力無法彰顯，我們就算與山老鼠面對面，不是他們跑，就是我們跑，不然就是演起山友互道你好的戲碼，讓對方卸下心防，然後通知警方單位來緝拿。

蒐證的困難

只不過，蒐證這一點又有實際上的困難，因為那是指必須能找出他們是現行犯的證據。但什麼是現行犯呢？簡單說，就是要能舉證是誰將什麼東西搬上了犯案工具，然後提供犯案工具的特徵或是車牌，讓警方循線逮到人犯，否則無法說他們是現行犯，但就算那個人身上滿身木屑，或有木頭香氣，不過如果他沒有任何明顯的犯案動機，你就不能懷疑他是現行犯。所以很多時候，山老鼠往往都能跟他們的罪行擦身而過，因為那些證明是現行犯的證據，缺一不可。

樹木慘遭毒手

不過，除了上面五鼠以外，最讓我生氣的，還是順手牽羊的遊客。

可能大家認為惡小而為之，自己從樹木上切一小塊，樹木也不會怎樣，因此明明是遊客在走的大眾步道，卻還有檜木的樹根慘遭毒手。

那些惡質的人基本上都是有備而來。他們趁著人少的時候使用手鋸，慢慢將樹木一塊塊地切下，然後塞進背包裡，再神不知鬼不覺地混在人群裡，就這樣一走了之。他們往往不會再來第二次，鋸來的檜木多半也只是被他們放在房間裡聞香，毫無用處。

只能說政府對於山林的政策不夠完善以外，民眾走進山林所應具備的水準與素養，也有待提升。

有一次放假時，我跟朋友前往某條步道散心。那條林道平易近人，而當我在跟朋友講解時，突然看到一顆很美的樹瘤就在我們旁邊。一顆帶有火焰般紋路的獅子頭，就這樣悄悄地長在樹上。

我跟朋友停下腳步，靜靜地欣賞大自然的奧妙。本來只是樹木的一個傷口，但經過時間的療傷、治癒，傷口漸漸癒合，然後慢慢地包覆再包覆，逐漸變成樹瘤，其實樹瘤也跟我們人類的傷口結痂有點類似。

但我們看到一半，卻發現這顆像獅子頭的樹瘤的頸部被人狠狠劃了一刀。傷口雖然不深，但明顯看出切痕，彷彿鋸到一半，沒有成功。

是發現樹瘤沒有想像中那麼好鋸？還是因為在鋸的時間點剛好有遊客經過？所以只能立馬作罷，但無論如何，這對百年的樹木已經造成了不可抹滅的傷害。

「因為有些人忘記森林本來應該是什麼樣子，才會傷害這些大樹。」在《神木下的罪行》一書裡曾經這麼提到。是啊，被一顆小小的樹瘤因利慾薰心，而蒙蔽了自己的雙眼，除了破壞這最天然的藝術品以外，更忘卻了身後美麗的森林，是需要我們每個人守護的。

不論你是遊客，還是山老鼠，當你傷害樹木時，別說你只是拿一小顆樹瘤、鋸了一小截樹木而已，抱歉，我們是一定不會跟你客氣的！

「養雞場」的美名

用聲音、食物誘騙鳥類拍照

我跑去派出所報案，但沒想到，這才是壓死我的最後一根稻草。

大雪山得天獨厚的地理位置造就了很多豐富的物種，無論是動物，還是植物，所以每年的九至十月都會有國際賞鳥大賽在大雪山熱鬧舉辦。

大雪山，不只是「熊森林」

動物很豐富的大雪山，特別是鳥類的種類，在今年的觀察下，數量更是達到兩百零九種鳥類。其中台灣特有種的鳥類就占了將近三十二種，所以你只要到了大雪山認真觀察，幾乎可以快要

把台灣的鳥類都看完一遍，也因此很多賞鳥人士，甚至是外國遊客都會特地組成賞鳥隊，每年來大雪山觀賞鳥類。

看著五彩繽紛的山雀在山桐子上面覓食；吐米酒的聲音在櫻花樹上嘹亮唱著，原來是那嬌小的冠羽畫眉；像是破腳踏車煞車的聲音遠遠劃破天際「ㄍㄧ」～～～的長聲，那是羽毛略帶有點藍紫色和金屬反光色澤的紫嘯鶇，正從山坡邊的堤防滑翔而去。

這，就是大雪山，不過大雪山除了有「熊森林」的美名外，因為這些眾多的鳥類，還讓大雪山有另一個美名，就叫做「養雞場」。

養雞場叫美名嗎？是不是搞錯了？是的，不過，這是反諷，也是媒體與遊客對大雪山的戲稱。

以食物或播放叫聲，誘騙鳥類

明明大雪山是個賞鳥勝地，為何又會被稱作養雞場？原因就在於這些眾多的鳥類都生性怕羞。很多人上來山上，未必能一睹牠們的容顏。再者，山雀雖美，但是體型嬌小，要拍到牠們，如果沒有昂貴的拍照設備，簡直難如登天。

所以很多人會開始用各種手段，誘騙鳥類出來拍照。最常用的手法就是使用收音機或手機播放鳥類的叫聲，來吸引要繁殖的公鳥現身。

另外一種就是把各種飼料餌食撒在地上，讓鳥類靠近後，拍下牠們的風采，再將照片發在各種論壇、社群軟體上，以博取吸睛度與按讚數量。

也因此，大雪山的帝雉從來沒有王者的風範，反倒像是養雞場裡被圈養的公雞一樣。

另外，還有人被發現使用誘拍的照片投稿到《國家地理雜誌》的攝影比賽，因此得獎或得名，可見誘拍的吸引力對於某些人來說，真的是滿大的。不得不說，在我們眼中的無恥之徒，在不知情的人眼裡，會覺得他們個個都是生態攝影大師。

之前，我去報名國家地理攝影雜誌的論壇，當時有位荷蘭的攝影師法蘭斯・藍丁（Frans Lanting），也是我崇拜的生態攝影大師之一。他的演講給了我一個觀念——生態攝影作品全部都是經過長久的觀察、等候所拍出來最自然的景象，無論過程有多麼艱辛。

他曾經說過一段話：「生態攝影裡最重要的是呈現『真實的情境』，不能因為攝影的要求而刻意去做出擺拍的情境。」這些話，我一直記在心裡，但其實有很多人，似乎不是這樣想的。

怒罵與詭辯

還記得大約在二〇一七年左右，當時我騎著自己的野狼往山下巡邏時，在林道二十三公里地方，我發現了一瓶可疑的容器，然後三五成群的藍腹鷴蜂擁而上，牠們就在大馬路邊覓食。

當下，我的第一直覺是，一定有人餵食，不然不可能有那麼多的藍腹鷴聚集於此地。

我下車，準備要去撿放在路旁的空罐時，卻被一旁拍鳥的禿頭大叔制止。他一腳就把空罐踢到他腳後，然後說：「那是我們的垃圾，你不准撿！」

其實，我當下早就知道那是什麼。我說：「你們是不是用鳥飼料在餵牠們？引誘牠們出來拍照？這樣非常危險，我騎在路上，差點就撞死了這群藍腹鷴家族！」

誰知對方不講理地說：「那是你的問題。你有看到我們在餵牠們嗎？沒有啊，所以憑什麼說我們餵食。然後這瓶飼料是我們的垃圾，你不准帶走啦。你問都沒問，就要來搶我們的垃圾，是你違法，還是我們犯法？你們領我們納稅人的薪水，還這種態度！如果不能餵食，你叫雞來跟我說啊！」

對，我又沒繳稅了，又是你們養我們公務員了，然後還要動物開口說人話。每次都是這樣的起手式，何況其實我連公務員都不是，還被這樣怒罵。違法還可以這麼理直氣壯。當下，我的理智線真的差點斷掉。

這群誘鳥人士開始各種詭辯，一下子說我犯了哪條法律、一下子又說我們不通情理。然後說我撿垃圾，怎不把他腳邊的垃圾全部撿乾淨，為何只撿他的垃圾。

我們真的有與自然共存的共識嗎？

拍下過程，以自保

當下，我覺得溝通已無效，我拿起手機，想拍下現行犯的過程且自保。

沒想到所有人開始惱羞成怒，說他們有肖像權，我不能亂拍。

我心裡默默在想，肖像權我應該比你還懂，別唬我了。

他們眼看無法要我不錄，於是四、五個人全部圍到我的機車旁，再由一個穿著一件攝影背心，看似斯文的男子，但動作卻配不上他的樣貌，他瞬間就從我機車上拔走鑰匙。

還好我反應夠快，伸手擋回去。

我開始大聲喝斥，並且移動檔車退後，說：「你為什麼要拔我鑰匙?!你給我後退！」然後又再大聲喝斥：「你為什麼要拔我鑰匙!!」

其實，我當時有點被嚇到。我沒想到這群看似相貌堂堂的人，竟然做出了牛鬼蛇神的舉動。

他們威嚇我，除非我刪除影片，不然不讓我走！

壓死我的最後一根稻草

我一邊大聲喝斥，一邊與他們保持適當距離後，轉身就騎著摩托車下山。我準備跑去位於十五公里處的派出所報案，並且告知剛剛遇到的情形，我希望警察能夠上去處理，但沒想到，這才是壓死我的最後一根稻草。

到了派出所後，我對員警說明剛剛遇到的事，也希望員警能上去勸導或是開單。當時主管與保育主辦也在現場，他們直呼：「不可思議！」不過，還記得員警只跟我說一句話：「阿步啊，你幹麼要把事情弄得那麼複雜呢？你確定要報案嗎？你報案，你也有問題喔！」

我沒想到我報案，還先被員警質問。員警繼續說：「你有先表明身分嗎？你如果沒表明身分，那你就有問題喔，他們可以反過來告你。你想清楚，你還要報案嗎？」

蛤？我愈聽愈不對。

「你可以學學你們的哪位巡山員，只要勸導，跟他們說明這裡禁止餵鳥就好了啊，你幹麼要那麼認真呢？他也跟你領一樣多，人家就很聰明，說完，就走人了啊，也不會讓自己受氣啊～～。你還要報案嗎？我是可以幫你啦，但不見得會有你想要的結果喔。你自己想清楚。」

當下聽到時，我知道員警擺明只想摸頭了事。

主管與承辦當時也想幫我的忙，但我看看員警這態度，我說：「那算了。」然後騎著我的檔車，繼續往下巡視。

那天，森林見證了我的無能與無力

保育主辦可能知道我的個性，也在報案的過程中，發現我的不對勁，於是跟我說：「要聊聊嗎？」於是，我們騎到一處涼亭後，我就再也無法控制情緒的開始痛哭。

或許是腎上腺素不再湧出，也或許是心中滿滿的悲憤，我所哭出來的是一種無法宣洩的無奈。

「我覺得我好沒用！我為什麼不能制止他們……我為什麼無法去解決這件事情？為什麼眼前的這些事情一而再，再而三的發生，我們卻沒有開單的權力？我明明很努力地想把事情做好，但為什麼法源制定得那麼不完善？為什麼員警要否定我的努力？為什麼他們要誘鳥？為什麼他們可以把犯錯說得那麼理所當然？我真的不想做了，我的努力好像都沒有意義。我付出那麼多，換來的卻是一句話——你可以學學那些漠不關心的同事啊。我不懂，我真的不懂!!!」

我一把鼻涕一把眼淚地說著。主辦靜靜地聽我說，然後輕輕地將我的頭拉到她的肩膀，靠著許久。接著，她說：「有時候努力或許沒辦法改變什麼，但如果沒有人努力的話，就一定不可能改變了……你覺得問心無愧就可以了。」

林道上，這次沒有燕語鶯聲，只剩下山林裡蕭瑟的秋風吹拂，還有一個大男孩自尊被徹底擊倒的啜泣聲。

那天下午，森林見證了我的無能與無力。

巡山員只能勸導、勸導再勸導

「我們往往只欣賞自然，卻很少考慮與自然共存。」——奧斯卡・王爾德。

每次發生這種事，我都會再次問自己，一定要

用引誘的方式才能達成目的嗎？大家真的不知道誘拍與餵食帶來的後果嗎？

我曾經碰到一位用手機播放鳥音的肥胖大叔，我上前去勸導，但他滿臉橫肉的說：「我沒有播放鳥音啊，只是我的手機鈴聲是鳥聲。我在聽我的手機鈴聲，有問題嗎？」

我對他好言相勸：「如果今天這是你的小孩，我今天想要誘拐你的小孩，不但每天餵他吃糖果、點心，我還模仿父母的聲音，偶爾騙他離開家門，然後有一天時機成熟了，小孩每次聽到聲音就會出來，我再綁架他，跟父母勒索贖金，你覺得有可能嗎？」

結果大叔一臉不可思議地看著我，說：「你怎麼會有這麼邪惡的想法呢？你這想法很可怕耶。」

是啊，想法是很可怕，但你確實正在做這件事情啊!!!

雖然這些鳥類不是我的小孩，但牠們卻是森林裡的住民，有天如果真的有不肖商人來了，誰要保護牠們？看不見，不代表就沒發生，而法規的不完善，我們往往只能勸導、勸導再勸導。

但因為沒有執法權，國家每次都要我們立場堅定，態度柔軟，但我已經盡可能的卑躬屈膝，卻每次都被這群人給踐踏尊嚴，就是因為不能立刻像警察一樣，對他們開罰，他們根本不會怕。

自掏腰包，購買密錄器

甚至以前還不發給我們密錄器，當作必要裝備。後來發生這些事情以後，我自掏腰包去買了密錄器，深怕自己每次遇到這些不負責任的刁民，卻有理說不清。

當然這只是我在山上遇到的其中一個關於餵食誘拍的經歷，其實現場遇到的更多。

還曾經發生鵂鶹（台灣最小的貓頭鷹）被發現在林道旁的樹林時，牠被眾多攝影人士爭相圍觀，甚至還有人在附近播放猛禽的聲音，導致鵂鶹的父母不敢出來覓食，差點餓死寶寶，因此後來還需要安排志工人力到現場駐點、勸導。

這些都是我遇到的真實經歷，但我相信這都只是冰山一角。如果是我沒遇到的呢？巡山員不去管的呢？執法員警不想負責開單的呢？那這樣，台灣的森林會更好嗎？我不知道……

我們真的有與自然共存的共識嗎？還是就像王爾德說的，我們人類只是欣賞大自然而已呢？但在我眼裡看來，我們連欣賞的角度都稱不上，我們只是在消費大自然而已。

深山特遣

雪山與甜蜜的負荷

天啊，身為巡山員的我，卻在雪山迷路了嗎?!

「深山特遣」一直是我們巡山員的重頭戲。每年都要來個兩到三次的大冒險，時間都是要五天以上。內容不外乎是去台灣的每個山林角落，巡視是否有遭山老鼠破壞的神木，還有看看其他地區的樹木是否有長大茁壯的跡象。

因為是長天數的行程，又都是在深山裡，所以往往都要背負數十到三十公斤的行李。這數十公斤的重量對我們來說，真的是巡山員最甜蜜的負荷了，因為這數天的家當，你要好好背著它，弄丟，就有得受了！

從抱憾到雪山西稜走九遍

當時剛報到沒多久的我，前後就參與了幾趟「深山特遣」。那時候是二〇一五年，我算是剛報到的小鮮肉，我大概二十八歲。

在高年齡的工作站，我們算是非常新鮮可口的，所以很多較為困難的勤務都會派我去，從大家說不好走的路線到最遠的路線，基本上我都摸了一遍，所以累積了不少豐碩的戰果。

再加上我在報告時說出有徒步環島的經驗，因而被主任指定雪山西稜線的勤務，另外一些重大勤務，也都在所難逃。

其中最讓我跌破眼鏡的是因為當初抱憾沒上去的雪山，也在山上的這段期間，攀爬五到七次不等，我都快被戲稱為「雪山西稜走九遍的人」了。

雪山是台灣的第二高山，雪山山脈也是台灣最北的山脈，北起新北市貢寮區的三貂角，南迄南投縣名間鄉濁水溪北岸的濁水山。全長兩百六十公里綿延不絕的山脈，也形成台灣北部天然的屏障之一。

尤其是當年還未開放的雪山西稜，對於登山客來說，那是一條夢寐以求的路線。如果要進去這條路線，以往只能抱著不被發現的風險，偷偷跑進去，也就是我們俗稱的「爬黑山」，但我卻能用公務名義去走這條路線，我想可能是上輩子也燒了不錯的香吧。

雪山西稜有三寶，分別是：倒木、滾石、箭竹海，不過當走這條路的時候，前輩跟我說，要有覺悟！因為他們以前走這條路時吃了很多癟。

因為當年還沒開放，所以用GPS相對搜尋不易，也因為很少人走，所以箭竹與芒草遠遠高於一個成年人的身高，再加上沿路的水源很少，當前輩用他們溫柔的語氣說：「在下匹匹達草原，我們特地留了很多礦泉水瓶在箭竹，你們一定是會有水源的！」前輩拍了拍我的肩膀，就轉身離開。

但我在原地，還是只有「蛤？」的表情，因為我不知道她到底在說什麼。

後來，前輩又轉身說：「喔~對了，記得衛生紙要帶多一點，還有止瀉藥，要帶滿喔。」說完，前輩笑得很開心，轉身回自己的座位。

這位前輩是女生，身高少說也有一百七十公分以上，之前曾跟美秀老師一起調查黑熊，對野外也是經驗豐富，但看著這樣的前輩跟剛入這行的我這樣說，我不禁顫抖了一下，可能是山林的水氣太溼、太涼吧。

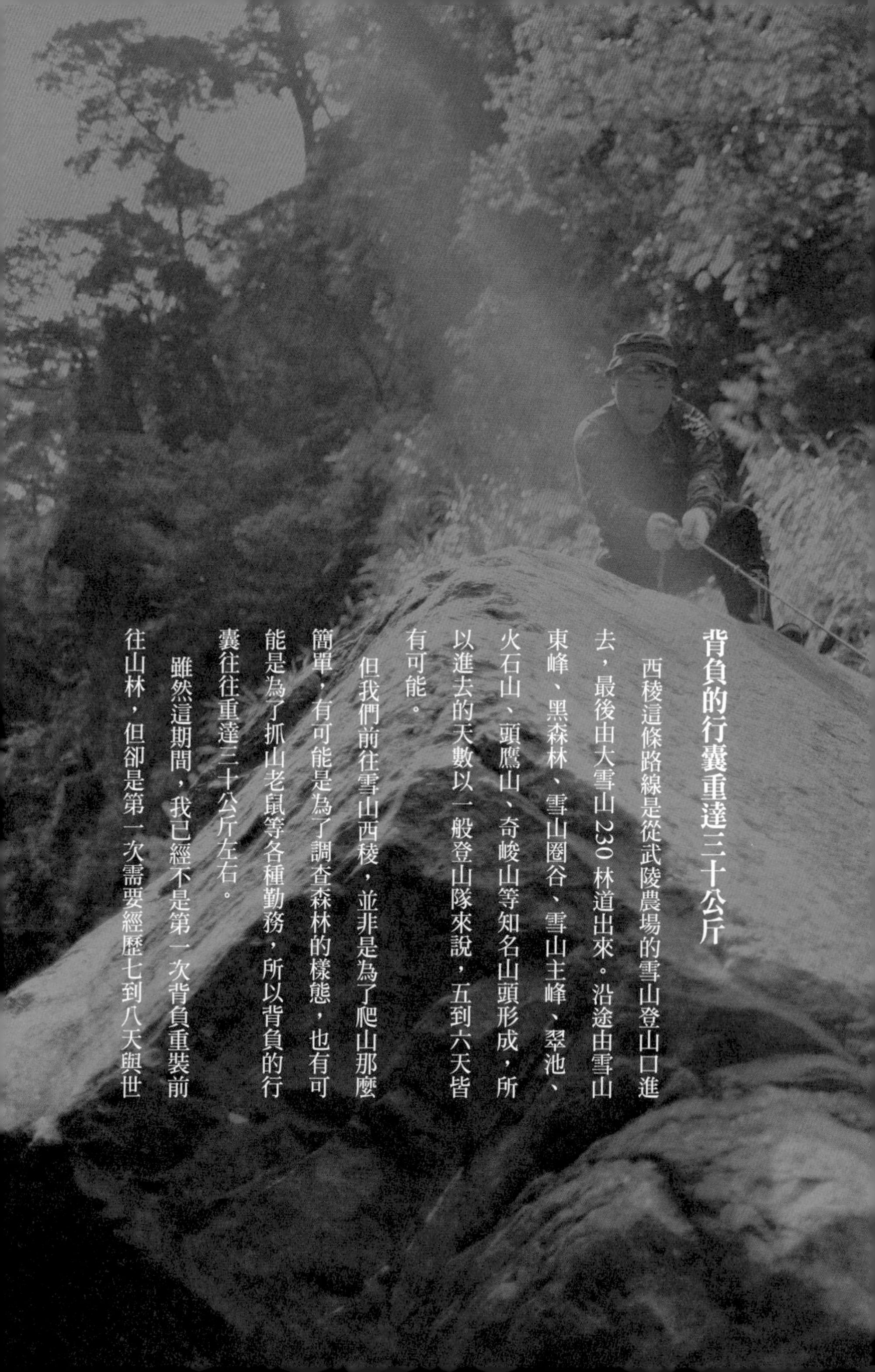

背負的行囊重達三十公斤

西稜這條路線是從武陵農場的雪山登山口進去，最後由大雪山 230 林道出來。沿途由雪山東峰、黑森林、雪山圈谷、雪山主峰、翠池、火石山、頭鷹山、奇峻山等知名山頭形成，所以進去的天數以一般登山隊來說，五到六天皆有可能。

但我們前往雪山西稜，並非是為了爬山那麼簡單，有可能是為了調查森林的樣態，也有可能是為了抓山老鼠等各種勤務，所以背負的行囊往往重達三十公斤左右。

雖然這期間，我已經不是第一次背負重裝前往山林，但卻是第一次需要經歷七到八天與世隔絕的日子，然後還包括前輩在入山時說的那些「經歷」，我實在是擔心啊。

但既來之，則安之。在出發的前一晚，我們一行人開著車到達山下，再進入超商，開始選取自己想吃的東西。

一般來說，採買金額還是有限制，也就是一天包含早、午、晚餐，一個人大約是兩百塊。這聽起來好像有點少？但是以前更慘，餐費必須要自己吸收，所以要像前輩說的：「有！就該偷笑了。」

在超商採買時，肉類是基本，酒類我們笑稱是「液體麵包」，加上大量的碳水化合物，這樣在溼冷的環境裡，脂肪會比較多，也比較不會感到飢餓與寒冷，不然這八天要是在山上餓肚子，不會有 Foodpanda 跟 Uber Eats 好心送食物來這裡。採買結束後，我們一行人就用各種奇葩睡姿，一路上從大雪山睡到武陵農場。

入住山屋時，大家可能都有的困擾

第一次負重走那麼遠，我自己也會擔心，尤其是那個快要比我還高的背包，我都還想自己是否可以成功走完，我會不會變成拖油瓶？一邊擔心，一邊行走，默默地也來到了 369 山莊。

山屋的晚上就像是個不夜城。每一座山頭都會有幾座山屋，提供給來來往往的過客，每個人都有許多不同的故事。晚上的廚房，是提供說書人講故事的地方。外面寒風凜冽，裡面的情景卻是格外溫暖。

幾個人坐在廚房地板上，幾杯黃湯下肚，天南地北地聊著。營燈散發出的黃光，會讓人以為自己是倚靠在國外木屋裡的壁爐旁一樣溫暖。

山林裡的八卦特別多，當然鄉野怪談也不少。出門時，老前輩還說：「記得晚上時頭燈千萬不要照到門口那面大大的鏡子、門口靠牆的床不要睡，還有就是，再怎樣沒房間，也千萬不要睡管理員的房間。」

各種告誡以後，沒了！前輩就是那～～～麼貼心。怕你會害怕，所以不跟你說理由。

隨著經驗累積，慢慢地，換我們變成貼心的前輩。就算我們知道原因，但還是不會去跟後輩解釋為什麼不要做。

深夜裡的山屋，除了山羌的吼叫，半夜的鼾聲，我想是比鬧鬼更可怕的一件事。右邊的號角預備～～～吹～～～!!!齁!!!停。左邊的法國號預備!!!呼!!!停。上鋪的觀眾給我來點尖叫聲!!!我想這是入住山屋，大家可能都有的共同困擾，所以不容易入睡的人，記得帶個耳塞，不然你隔天的行程一定比遇見鬼還慘。

巡山員迷路了?!

還記得那天從 369 山莊往雪山的天氣並不是很好，不但是陰天，還起了濃霧，眼前的能見度非常差，再加上剛入行的我，對於路線判斷還沒有很熟練，但因為路徑明顯，我也走得比較快，所以我自然而然地變成了隊伍裡的第一位。

等我眺望完雪山的主峰美景以後，就開始一路從 3886 的山頭下切。下切路線已經從箭竹泥土地變成了碎石地形，除了前人踏過的痕跡外，就是登山杖的插孔，或是幾根貼著反光標籤的鐵桿。

因為我的腳程快，所以在雪山主峰拍了幾張照片後，就繼續往下走，但沒想到卻愈走愈奇怪，本來還有登山杖的痕跡，後來卻愈來愈不明顯。眼前的地形也愈來愈陡，然後看起來路不像是路，但也都很像路。我那時候才驚覺，天啊，我迷路了!!!

一開始，我大聲呼喊著隊友，但在大霧裡，能見度大概只有五米。起初隊友還能對我呼喊。隊友要我待在原地，不要再亂跑，我也還聽得到隊友跟其他的隊友說，氣候險惡，但我做得很正確，待在原地，等待救援。

但過了幾分鐘，我再呼喊，隊友卻已聽不見我的聲音，也傳不過來他們的聲音，而這時間也不過才短短數分鐘。

等待救援的人，心裡萬般掙扎與無助

我心中有各種念頭閃過，隊友錯過我了嗎？隊友下切了嗎？我真的迷路了嗎？迷路當下的心情，一開始我真的很慌張，因為我一心只想要確定自己在哪裡，於是我開始胡亂走、亂跑。原來平常我們所知道的在迷路時別亂走、亂跑的行為，但頓時之間因為慌張，我們可能都會這麼做。

等靜下心來後，我才發現，我怎麼一直都在做錯誤的行為，然後就看到手中的GPS，對！我明明有GPS，怎麼還忘記看？

原來一個人迷路時，心裡是如此的慌張，就連手上有什麼可以運用的資源都拋諸腦後，難怪這年頭迷路失蹤而死亡的人是那麼多。

確認好剛剛走來的路線，我順著原路走回去。都是碎石地形，若要往上爬，也真的很花體力。一路上到了稜線，我終於看到有人踏過的痕跡，頓時鬆了一口氣。

此時，隊友悠哉悠哉地走過來，「喔！你出來啦？剛剛走去哪啦？」

其實仔細一看，原來我離原本的路徑不過就是下切兩三公尺的距離，但這距離卻讓我覺得有兩三公里那麼遙遠。短暫的迷路時間，也像是過了一小時那麼久……真正等待救援的人，心裡都是那麼掙扎與無助嗎？

嘴巴差點被箭竹刺穿

背著身上三十公斤的甜蜜負荷，一路來到有如《魔戒》般壯闊的高山圓柏森林，那裡倒映著北稜角雪山主峰的湖水就是遠近馳名的翠池。但實在太累了，開完帳篷以後，倒頭就窩進了溫柔鄉。

再過了好幾天，一路上，上上下下許多個山頭。在執行勤務時，我一個不小心掉到由腐植層覆蓋的洞裡，嘴巴差點被箭竹刺穿，還有那些沒有拉繩、沒有人走的路，我們卻要使命必達，又或是「死」命必達，我已分不出來。

倒數第三天，準備從三千多公尺的海拔一路下切到兩千多公尺的大雪山230林道。那天晚上，住在匹匹達大草原，乍看之下和藹可親，但讓前輩最頭痛的也是這地方。

因為以前訊息不發達，對於水源大家都不清楚，所以那時候前輩們聽說遇上了缺水危機，還有因為喝看天池（隨處可見的低窪水源，有時候還會有動物糞便）的水，所以還有人腹瀉連連，幾乎連衛生紙都不夠用。

寶特瓶裡的「抹茶」

當時前輩笑著說的難關就是這裡。一條山徑，要是沒有水源，很多時候會讓人迷惘與死亡，若又喝到不乾淨的水源，那真的就是另一個地獄了。也因此，前年他們的任務沒有達成，然後在箭竹林附近插了許多罐寶特瓶，因為山上一定會下雨，雨水會順著箭竹流進寶特瓶裡面，這樣等到今年我們上來時，就會有寶特瓶的水。

但當我們看到寶特瓶時，寶特瓶裡卻是充滿著綠意盎然的生機，要是不說那是水，我一定會覺得那是抹茶！

有經驗的前輩帶了許多張咖啡濾紙，過濾了一層再一層的青苔，最後再換成高山用濾水器，但過濾出來的水仍然雜質一堆，最後大家決定跟泡麵，且還一定要重口味的一起煮，因為煮完後，就喝不出來有異味了！

當我們看到寶特瓶時，寶特瓶裡卻是充滿著綠意盎然的生機，要是不說那是水，我一定會覺得那是抹茶！

最後的這一關，我終於知道前輩說的累是怎樣的累，以及為何大家都覺得這條路線是那麼地不容易。

走完一遍之後，我深深體悟，除了三十公斤的背包外，也有許多潛在的危機，但走完以後，我所看到的台灣卻是更加美麗。

有熊的森林，才有靈魂

相遇（一）

Holy Shit !!! 我生平離黑熊最近的一次，也可能是我人生的最後一次嗎？

「有熊的森林，才有靈魂。」——黑熊媽媽，黃美秀老師。

挑食的南安小熊「妹仔」

大雪山森林一直是一座很夢幻的森林。只要置身在森林裡，就彷彿來到宮崎駿的《魔法公主》裡一樣美麗。每當下午雲霧繚繞之時，我總是會幻想，遠方的盡頭是否會有山獸神的蹤跡。

在我擔任巡山員快十年的時間裡，山獸神沒見到，但台灣目前最大的陸生哺乳類動物——台灣黑熊，我在山上期間倒是碰到了不少。

因為大雪山的物種與植物豐富，對於黑熊來說是個快樂天堂，尤其是殼斗科的果實，更是台灣黑熊的最愛。

不過，當然也是有例外，像是以前南安小熊「妹仔」送來「特有生物研究保育中心」時，我們巡山員還肩負起保母的責任。巡視時，如果看到果實就會特別記錄下來。記錄著結實量，還有是什麼果實，採集以後、包裝，送到特生中心給妹仔吃。

那時候，我才知道妹仔是一隻有點挑食的黑熊寶寶，牠專吃好吃的山柿野果。若是其他果實，牠就興趣缺缺。

第一次參與拯救黑熊

我人生第一次看到黑熊是在動物園。那時候的黑熊，還是說所有的動物，看起來都病懨懨的，甚至可能罹患憂鬱症。

牠們在籠子裡面來來回回地走，牠們也不想面對群眾。每隻動物的眼神都透露悲傷。

而我人生第一次看到野生的黑熊，是從巡山員這一份工作開始。

我還記得那一次是假日巡視，舉凡山上的一舉一動都要包辦，從林道巡視到遊客宣導，然後救援勤務，也需要支援，那時候真的差點忙翻。

一早出門巡視完，我回工作站，臨時又接到救援任務，於是又出發去救人（工作站以前只要我排到假日巡視，救人的機率不知為何就特別高）。

救援回來以後，心想都過中午了，先泡碗泡麵好了，但突然間，聽說美秀老師的黑熊陷阱被觸發，需要人力趕往現場，去看看是否真的捕捉到黑熊。

如果是黑熊，就要立刻跟團隊通報，請團隊立刻上去支援，不然讓黑熊獨自待在陷阱裡，牠們受到的傷害會更大。所以，那天放下泡麵以後，我又換了裝備，前往黑熊受困的地點。

消防隊每次也都是泡完泡麵，接到救火消息，但我不是，我是救熊。

幫黑熊做健康檢查

黑熊的陷阱是用藍色的大油桶製作而成。外表用各種樹枝和枝條覆蓋，然後裡面再放進餌食，吸引黑熊靠近。

因為當時是週末，美秀老師擔心要是沒立刻上去，就沒時間上去，於是我就先不用到現場確認，等團隊人馬一起到達以後，再前往就好。終於可以先好好地吃一碗泡麵了。

等團隊人馬從屏東趕到大雪山，其實已經天黑得差不多了，而那天的陷阱還聽說是最遠的陷阱。

我的內心忍不住OS，「我的巡視人生怎麼可以這麼多災多難！」所以當我到達現場時，其實已經完全天黑，天空還飄著小雨。

我打開陷阱，一看，是一隻沒有掛發報器（未來野放時方便追蹤），也沒有打耳標（捕捉後的個體需要做紀錄觀察）的黑熊，所以一切都要從頭來過。也就是要幫黑熊做一次完整的、徹頭徹尾的健康檢查。

幫美秀老師扶好黑熊的嘴巴

發現是一隻全新的黑熊以後，美秀老師指揮著團隊應該要做的事。除了基本的心跳、血壓、脈搏，還需要抽血，並且檢查外傷。

「這隻左前掌斷指，有擦傷。」

「另外一隻腳掌也斷指，估計是中了陷阱。另外，還有剛剛抓鐵桶的血跡，幫牠上藥擦乾。

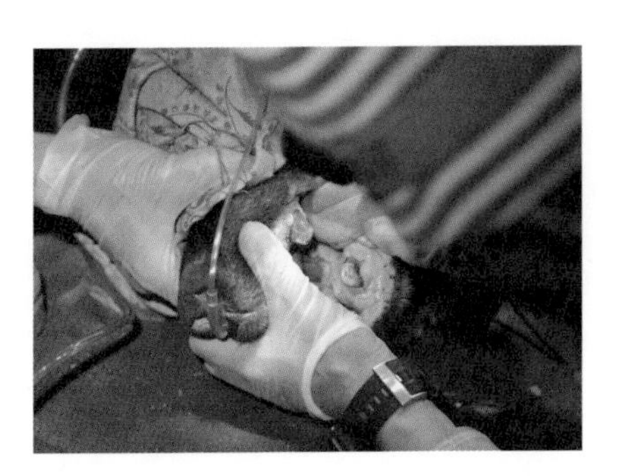

牠應該還有機會在野外活下去。」

我在現場聽著儀器嗶～～嗶～～嗶的聲音，美秀老師簡單說了上述這些嚴肅的用語，但聽在我心裡，其實五味雜陳。

「不要發呆，誰來幫我扶一下嘴巴？我要檢查牠的口腔！」

看著每個助手都在忙，我想現場最閒的應該就是我了，於是我前去幫美秀老師扶好黑熊的嘴巴，這是我人生中最靠近黑熊的一次，我畢生難忘！

人生跑馬燈跑了一遍

「很好，前面幾顆牙齒沒事，但後面的幾顆牙齒有蛀牙、潰爛的情形，要治療一下，不過不是很嚴重，還能吃東西。」

我兩隻手努力地撐開黑熊的嘴巴，試著不讓牠因為麻醉而失去力量。

但一旁的獸醫卻冷靜地說：「你們可能要快點喔。黑熊的數據在變了，牠可能快要起來了。」

Holy Shit !!!我生平離黑熊最近的一次，也可能是我人生的最後一次嗎？？牠快醒了？然後我現在還用雙手玩弄牠的嘴巴？黑熊那隻下垂的舌頭就在我面前晃來晃去。

我的腦袋瞬間有各種如何應付黑熊的想法，不斷快速掃過，連同我的人生都像跑馬燈般跑了一遍。

此時，黑熊突然在我面前哈了一口呵欠，吐了一口氣，彷彿在告訴我：「我還在睡，別擔心喔。」這讓我的內心又是千萬種的想法掃了過去。

但接著，只有一種感覺——媽的，黑熊的嘴巴真的好臭啊。

又一隻健康的熊回歸森林了

最後，開始製作這隻黑熊的掌模，然後打上耳標，以及製作項圈，接著由四、五個人在野外找來一根木頭，準備將黑熊舉起，測量牠的重量。

至此，我本來以為今天的任務終於結束，可以回去好好休息了，但野放的最後步驟，是要等黑熊的麻藥退去，再觀察牠的狀況。

沒想到這隻黑熊特別醉。我們在旁邊觀察牠半小時，牠起來後，卻又倒下去，好不容易等牠爬起來，但牠又躺下。

我們一開始還擔心下雨，怕牠著涼，幫牠蓋上防寒毯，沒想到牠可能覺得太溫暖，於是開始

賴床了。

我們在現場等了快要一小時，黑熊終於屁顛屁顛地走向森林遠處。

團隊與我們走上林道，互道了聲晚安。

但我的心中仍然有股難以掩飾的興奮——又一隻健康的熊回歸森林了。

有熊的森林，才有靈魂

救援（二）

我們總共歷經六個小時搬運黑熊，一上到遊樂區，我們直接都倒在馬路邊。

綁一隻黑熊，需要多長的扁帶？

記得有次放假下山，我突然接到工作站主任的電話。電話裡是一種要說不說的口吻，一種明明知道放假，卻又不好意思打擾的感覺。

「阿步，你在山下嗎？明天會不會上山？」

「我在啊，明天上山怎麼了？」我說。

「你明天上來的話，能不能幫忙買扁帶？」

「扁帶？主任，妳要多長？要幹麼用的？」我問。

「你覺得……綁一隻黑熊，需要多長的扁帶？」

蛤？黑熊？你是在說什麼東西？

主任在電話裡對我說：「我們又抓到黑熊了。但這次的情況有點不一樣，因為黑熊的牙齦嚴重潰爛，需要從研究陷阱裡運送出來，但運送過程可能需要扁帶輔助。你可以幫忙帶扁帶上來嗎？」

扁帶我知道啦，黑熊我也認識啦，但兩個加起來，我好像就不知道要怎麼跟店員形容了。

到了登山用品店，我晃了老半天，心想有沒有黑熊專用的扁帶，但當然想也知道不可能。

店員跑來問我：「需要什麼嗎？」

我說：「我要買扁帶。」

「那你要多長？做什麼用呢？」

此時，我用一臉疑惑的表情跟店員說：「請問……綁一頭黑熊，你覺得需要用多少扁帶？？？」

接下來，換店員用一臉疑惑的表情看我：「……蛤？」

大型的醫療團隊進駐

買完扁帶，整理好行囊。從我住的地方騎到大雪山，約莫要兩個小時，因此我連太陽都還沒露臉就趕著出發，跨上野狼就朝著日出的方向奔馳而去。

到了現場，主任開始交代任務並說明。因為是在遊樂區，所以要在還沒驚動遊客前，趕快把黑熊運出來。

黑熊的陷阱離地面大約有兩百公尺的落差。牠是一隻母熊，體重不重，但因為口腔潰爛，無法進食，需要我們下去幫忙把黑熊抬上來治療。

大家聽完行前宣導與任務說明以後，就開始動身。雖然天才剛漸漸露出曙光，但我們已經開始做好萬全準備，進行可能長達八小時以上的救援黑熊任務。

可能當時每個人的腎上腺素都異常高亢，也有很多人因為這趟任務可以親眼見見讓整座森林注入靈魂的聖獸，所以沒人願意退出勤務，也沒有人喊累。

有人背負著大型的油桶，準備裝黑熊；有人帶著獨輪車擔架；有人幫忙背水，也有人幫忙擦汗，還有麥覺明導演的團隊為了電影而來拍攝。這些堪比是大型的醫療團隊，不過我們救的不是人，而是一隻熊。

我的裝備當然還是以攝影器材為主。一方面是我自己的興趣，一方面也是要記錄這整個營救的過程。

美秀老師不愧是長年在山林裡行走的人。她的腰間掛著一把山刀，她所踏出的每一步，都沒有任何的猶豫與遲疑，就像是個經驗豐富的獵人。

而我們每個人都背著沉重的工具，緊追在老師後面。

我們輕輕柔柔地踏在苔蘚上面，與在清晨因露水而探頭的菌類共舞。陽光露臉後所映照出來的鞋印刻痕，象徵著每個救援人員的堅毅決心。

二三十人不出聲，以免刺激到黑熊

到了陷阱區之後，美秀老師要我們每個人都保持安靜，深怕一有些過大的聲音，都會刺激到陷阱裡的黑熊。

現場有很多人從來沒看過黑熊。對於黑熊，我們巡山員時常聽到，但本尊卻只有在教科書裡看過。當時雖然現場工作人員有二三十位，但卻沒有一點聲音，因為只要一有點點踩斷樹枝的聲音，都可能會讓黑熊在鐵桶裡躁動不安。

「呼吸正常、活動力滿高的，等等準備進行麻醉。」美秀老師對我們說。

雖然是麻醉作業，但因為途中要運輸黑熊出林道，所以也不能讓牠完全睡死，要有點類似半身麻醉的感覺，然後再將昏昏沉沉的黑熊，半騙半哄地趕進另一個鐵桶，再由我們現場的壯漢，輪流搬運黑熊。

你問我，綁一隻黑熊，需要多長的扁帶？這時候，我終於可以回答你，一捆扁帶可能還不夠，中途還要配合麻繩捆綁。麻繩能捆多緊就捆多緊，不要讓牠掉下去，還要讓牠舒適。不能因為太過搖晃或不舒服，讓牠在油桶裡勃然大怒。

八個壯漢扛起黑熊

我們將鐵桶五花大綁以後，再來就是今天最重要的重頭戲——把一隻台灣黑熊扛回到森林遊樂區上面。

前面的道路平緩，用獨輪車與擔架運送很順利，也很快就到下切路段，但再來呢？眾人討論後，還是決定由八個壯漢一起把黑熊扛上去。

獸醫師全程緊盯黑熊的生命徵兆，他一直在我們旁邊喊著：「小心，小心，步伐不要太大，

震動不要劇烈。啊，黑熊快要起來了，你們要盡可能快一點！」

我也知道要快啊，但是這上百公斤的巨獸，我們想快還是快不起來。愈走到上面，愈是吃力。扛黑熊的人員累了，就交換，但擔架完全不能停下來。

黑熊伸出小爪，往外撥弄

不知道是太晃，還是太想玩？在油桶的小洞上，偶爾會看到台灣黑熊伸出牠可愛的鼻子聞一下，偶爾牠也還會伸出小爪往外撥弄。所以我們盡可能的，手也不要接近小洞，避免被黑熊給劃傷。

終於，剩下最後的幾百公尺了。在搬運過程裡，不時地傳來胡瓜主持綜藝節目的聲音「下面一位～～」走沒百來米，搬運黑熊的人倒是換了好幾輪。

在最後一個爬坡時，差不多到了中午時刻。我們總共歷經六個小時的搬運過程，一上到遊樂區，我們直接都倒在馬路邊。但這個過程，沒有一個人喊累，也沒有一個人叫苦。

做了簡單的檢驗以後，桶裝黑熊就隨著公務車運送到台北木柵動物園，做更進一步的治療。等下次見到牠，就是一個多月後的野放了。

在簡單地接受媒體的採訪後，主任對營救黑熊的工作人員說：「謝謝你們。沒有一句抱怨，大家都很團結。明明知道這是一件很累的勤務，但大家都開心地完成。謝謝大家的團結。」

腎上腺素的激烈爆發，加上五點就起床的舟車勞頓，我簡單地跟主任告假以後，就把自己關在宿舍。

我去當一隻睡得香甜的黑熊，天塌下來，都與我無關了。

有熊的森林，才有靈魂

死亡（三）

為何野放後才短短二十四天，黑熊就死在獵人的槍下？

在大雪山，我正式地開始接觸黑熊，從黑熊調查到黑熊救援，再到黑熊野放。我們也總是看到最棒的一面——一隻黑熊從我們手裡健健康康地野放出去了，好不開心。

震撼人心的黑熊照片

之前的報章雜誌討論的都是大雪山的牙痛母熊，直到有天一個我們都認識的數字出現在各大網路媒體，也就是 seven-eleven，我們都叫牠 711 黑熊。

在各大網路媒體上，呈現的是711黑熊被網子纏住，牠的嘴巴為了咬斷鋼索掙脫而滲出鮮血，然後表現充滿憤怒和恐懼的一張照片。這是最早讓人開始關心這件事情的開始。

起初，我與這隻黑熊應該是沒有緣分的。從最單純的救援以後，運送給獸醫，然後野放，過程平安、順利就結案。

但或許 711 黑熊已經習慣人類的生活環境，特別喜愛狗飼料，也很會開冰箱，曾經有錄到一段攝影畫面是牠發現冰箱沒食物，還會氣到把冰箱打翻。

牠似乎也認為只要有人的地方就會有吃的，甚至還會跑去偷吃農民養的雞，所以將牠野放沒多久，每次只要中陷阱，再把牠野放後，牠又會再次回到有人類的環境去重複上述行為，讓農民一個頭兩個大，所以當野放時，我們都希望將牠放到離人類愈遠的地方愈好。

黑熊誤觸吊索，等待救援

在一次的驅離勤務裡，因為發現 711 黑熊又靠近人類部落，於是展開驅逐計畫，只是沒想到這次的驅逐計畫突然變成 711 黑熊營救計畫。因為牠又不小心誤觸了吊索，一動也不動地等待我們去救牠。

而本來一件簡單的勤務也變成了各種等待——黑熊等待我們的前來、我們等待獸醫的到來、獸醫等到他能繫放711黑熊的將來，但是711黑熊卻永遠等不到牠的未來……

本來的驅離勤務卻變成了送黑熊去「特有生物研究保育中心」觀察、評估。最後經過多天的觀察和記錄，獸醫師與專家學者覺得711黑熊沒有太大傷害，一致認為711要回歸到野外，因為牠是野生動物，這裡並不是牠的家。於是我們選了一個良辰吉日，一行人跟黑熊搭乘直升機，抵達一個完全陌生的環境，也是人煙罕至的地方，將牠野放了。

本來一切應該是如此地順利與美好，我們用著

原住民祝福的儀式，祝福 711 黑熊未來能一切平安、順利，但不幸的事情還是發生了。

黑熊死在獵人槍下

711 這隻黑熊不再是用中陷阱的方式出現在大家眼前，再次映入眼簾的報導內容是〈568 號黑熊遇害遭掩埋　遺體曝光頭胸都是傷〉（711 後來編號為 568），這讓社會大眾感到憤怒，不能理解。

為何野放後短短二十四天，這隻黑熊從二〇二〇年開始中陷阱、野放，一直到二〇二一年又中陷阱、又野放，而最後卻是死在獵人的槍下。

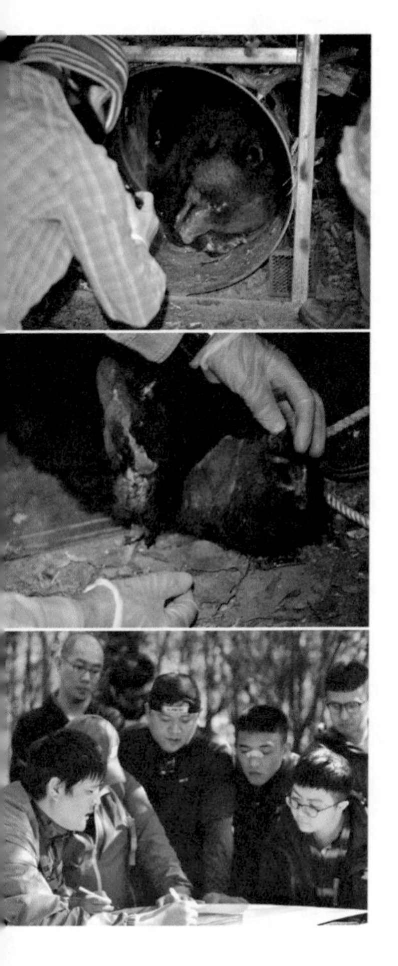

除了憤怒與不解以外，我們覺得與其讓民眾一直處在對於黑熊的不瞭解，不如我們透過 711 的死亡，去除民眾以前對黑熊的刻板印象，並且好好跟民眾說：黑熊到底是一種什麼樣的生物。

我曾經跟報社記者一同前往當初發現 711 黑熊的地方，也就是上述那張驚悚照片的地點。我們看到被 711 黑熊翻箱倒櫃的農舍、雞籠，也訪問許多在地原住民的想法與意見，最後到了黑熊長眠的終點站。因為感觸良多，讓我在自己的臉書寫了一篇〈當時的我不清楚、不知道，現在發生這件事情，我終於知道了〉文章，劃下屬於自己的句點，也是 711 黑熊的終點。

我們對於黑熊的認知，多數是錯誤的

有人說 711 黑熊是黑熊派來的使者，牠讓我們人類更加瞭解黑熊的特性，也讓我們更能接受黑熊的世界。

人往往都是在錯誤中學習，犯錯了，才知道什麼可以做，什麼不可以做，但往往都太遲了。台灣人可能從出生到死亡，一輩子都沒什麼機會看到黑熊，對於黑熊的認識往往都是來自於過往流傳下來的錯誤知識（例如：遇到熊要裝死、遇到熊要爬樹）。我們都是從別人的口中來認識黑熊，其實我們對於黑熊認識是少之又少。因為 711 黑熊的到來，我們才有機會更正確且完整地認識活在我們身邊，但我們卻非常陌生的黑熊。

我還是喜歡用711這名稱來稱呼牠，碩大的外表、貪吃的形象，就像是個便利商店的吉祥物。雖然最後經過捕捉、繫放，牠的名字從東卯山黑熊變成711黑熊，再從711黑熊變成568，最後568黑熊這稱呼變成了一具冰冷的遺體。

這一路從捕捉到驅趕、驅趕再變成治療、治療再變成野放，最後變成原住民的狩獵議題。711黑熊帶領我們從對黑熊的不瞭解，慢慢地理解黑熊、瞭解黑熊。

林業及自然保育署（舊稱林務局）也開始不斷對部落宣導，並鼓勵民眾通報，也跟大家說：「黑熊來了，不要怕牠，因為其實牠更害怕看到我們人類。」

有熊的森林，才有靈魂

面對與瞭解（四）

黑熊雖然斷掌，雖然屢屢被捕獲，但牠卻比我們更渴望自由、更嚮往那片充滿殼斗科的森林。

黑熊到底長怎樣？

遇到黑熊，該怎麼辦？

黑熊很恐怖嗎？

黑熊會吃人嗎？

遇到黑熊，我要裝死跟爬樹嗎？

這些疑惑常在部落裡聽到，不過不但部落民眾對黑熊不瞭解，一般民眾對黑熊也覺得陌生。我們對於黑熊的認識，最早是來自歐美對於棕熊的認知——認為熊都是一樣，會主動攻擊人類，對於屍體沒有感覺，不會爬樹，只會攻擊地面生物，因此我們被灌輸以下的知識：「黑熊很可怕，會攻擊人類，如果遇到了要裝死，或者爬樹……」

但實際上，黑熊真的可怕嗎？711 黑熊帶領著我們不斷向前，從對黑熊陌生到建立出一套與黑熊應對的 SOP 機制，從部落耆老說出「可怕、恐怖、會吃人」，到後來變成「可愛、可憐、我好想牠、牠是我們的朋友家人」。但現在無論說什麼，好像都太晚了。

黑熊野放，不是我們想像中那麼簡單

野放一隻熊，一直以來都是保育界的喜事，先不論未來這隻黑熊的境遇如何，野放黑熊以後，公部門對於社會大眾，有義務交代事情的真相，以及我們所在做的事情。於是我們開始寫新聞稿，對外公布這一隻黑熊的去向、為何要將牠野放，以及我們如何野放。

黑熊是全民的財產，有必要讓大眾知道黑熊怎麼了。

不過，有時候不發新聞稿沒事，一發了新聞稿或文章以後，民眾的各種不解，不同的正、反立場與意見隨即出現，甚至質疑起公部門的所作所為。

例如質疑為何要野放，以將 711 黑熊野放為例，沒事就沒事，但後來牠死亡了，民眾就會不諒解，認為我們的決定是錯誤的。

其實，我也害怕寫了這篇文章後會變成眾矢之的，變成成事不足，敗事有餘、亂說話的巡山員。我確實很怕提筆寫這一類型的文章，因為當民粹的聲音大過專業以後，過多的解釋在不理性的民眾耳裡都是難聽的噪音，所以我用我這些年野放，並觀察救援人員的感想，以我理解的方式寫出來，我希望讓社會大眾知道黑熊野放這件事情，不是我們想像中的那麼簡單。

民眾質疑：「牠都斷掌了，為何還要將牠野放？」

野放後，我們所面臨的第一個質疑聲浪：「牠都斷掌了，你們為何還要將牠野放？為什麼不讓牠在收容中心待一輩子？野放出去？萬一像 711 這樣，最後被獵人打死，你們可以負責嗎？」

設計界以前有句話：「說得滿口好設計，卻做不出一個像樣的東西。」意思是外行指導內行，所以很想問問那些責罵聲音最大的人，這一生中遇過黑熊嗎？野放過黑熊嗎？如果都沒有，那麼可以先把嘴巴關上嗎？請先看看專業如何運作。

如果只是用斷掌就來評估不能野放，那麼請問這些黑熊到底該收容在哪裡呢？

二〇一八年，有篇〈台灣黑熊斷掌悲歌——思念媽媽的三腳小熊〉文章提到，台灣黑熊斷掌的比例高於百分之五十四，甚至可能更多，如果今天斷掌就必須要收容一輩子，那麼以台灣大約共五百隻左右的黑熊數量，平均大概有兩百七十隻左右的黑熊都要進收容所，而且只進不出。一隻熊的壽命大約三十年上下，一收容就會是三十年的歲月。

在這三十年裡，當保育員退休或離職，還有食物的經費、收容所的空間都會是個問題，所以除非不得已，否則基本上收容是最不想走到的最後一步，除非那隻黑熊可以很明確地跟我們說：「我不想努力了，你們養我吧！」或許我們就沒什麼好煩惱了。但對於每一隻個體健康的黑熊，我覺得牠是比我們還更期待回到森林裡。

很多人感覺看到幾滴眼淚，看了一些悲劇照片，總會用英雄的角度，且用自以為是的正義來發言。網路發言不具名，又不用負責，撂下狠話後拍拍屁股走人，但你講的這些不負責任的發言，對我們的保育業務，甚至是各種山林業務無疑都會是一種莫大的阻礙。

斷掌的黑熊仍能在野外生存

接下來，探討斷掌的黑熊是否可以順利在野外生存？

當然是可以的！只是生存難度會變高，畢竟黑熊要靠強而有力的四肢，讓自己爬樹、狩獵。

另外，斷掌以及斷肢對於黑熊的繁殖、交配也會有影響。

也因此，此時專家、學者的評估就顯得非常重要，因為我們不懂，所以才要專家從野放標準來評估是否符合野放條件。如果符合，我們實在也沒有理由把黑熊留在籠子裡，而是希望牠能到野外努力生活。

如果換作是我們，當我們的手掌斷了，我相信很多人也不希望被這社會淘汰，父母也不會希望我們啃老一輩子，一定也會希望我們積極地在這社會衝出一番作為。

至於野放的後果，不是黑熊要承擔，也不是醫療團隊、野放團隊承擔，而是我們全部的台灣人民承擔，因為黑熊是我們台灣人的共有財產。

如果今天牠離去了，少了任何一隻，都不是我們樂見的事情，我們也不希望再次看見雲豹這種美麗的生物滅絕在我們的世界裡。如果牠真的無法野放，我相信專家、學者做出這份評估時，一定也比我們還要痛心。所以是否野放這件事，就交給專家、學者去做，我們要做的就是祈禱牠平安地回歸山林後，生出一窩健康的黑寶寶。

民眾質疑：「為什麼不禁止原住民打獵與使用獸鋏？」

野放後，被質疑的第二道聲浪是：「既然野放了，可能還會中陷阱，那麼為什麼不要禁止原住民打獵與使用獸鋏？問題就解決了啊！」

其實在「野生動物保育法」第十九條第一項第六款規定，獵捕野生動物不得使用獸鋏，違者依據其所獵捕之野生動物是否為保育類，還有其他懲處規範。這是禁止使用獸鋏的明確條款。獸鋏很危險，的確該禁止。但是為何很多動物今天還會斷肢呢？因為牠們根本不是被獸鋏捕捉，牠們是被我們念作「歪壓ㄕㄜ」（日文ワイヤスリング），俗稱山豬吊所斷肢。

在711黑熊離開人世的時候，山豬吊的議題的確也浮上檯面，後續也開始進行相關的法條修正。

大家想讓陷阱全面消失，原住民不要再打獵，理想很豐滿，現實卻很骨感。首先，獸鋏消失是逐漸有成了，但山豬吊呢？它因為取得容易，根本就是民生必需品（就是一條鋼索）。不過，它最一開始的用途根本不是拿來做陷阱，就像喜得釘（工業用底火）一開始也不是拿來裝在獵槍一樣。

但你不可能禁止五金行販售喜得釘，因為工業釘槍需要用到，所以不可能全面禁止，更何況是一條鋼索。

如果真的禁止山豬吊，還是會有問題。因為當陷阱、獵具全面禁用時，只會讓問題地下化，也可能導致民眾捉到野生動物時不敢通報，將加深原住民、公部門與一般民眾的對立。這些問題不是喊禁止就可以解決，就與打獵文化一樣。也因此，林業及自然保育署針對套索問題，研發了精準式獵具，希望未來原住民打獵能更有效率地捕捉到黑熊以外的物種。

民眾質疑：「打獵還有存在的必要嗎？」

第三道被質疑的聲浪：「打獵真的還有存在的必要嗎？」

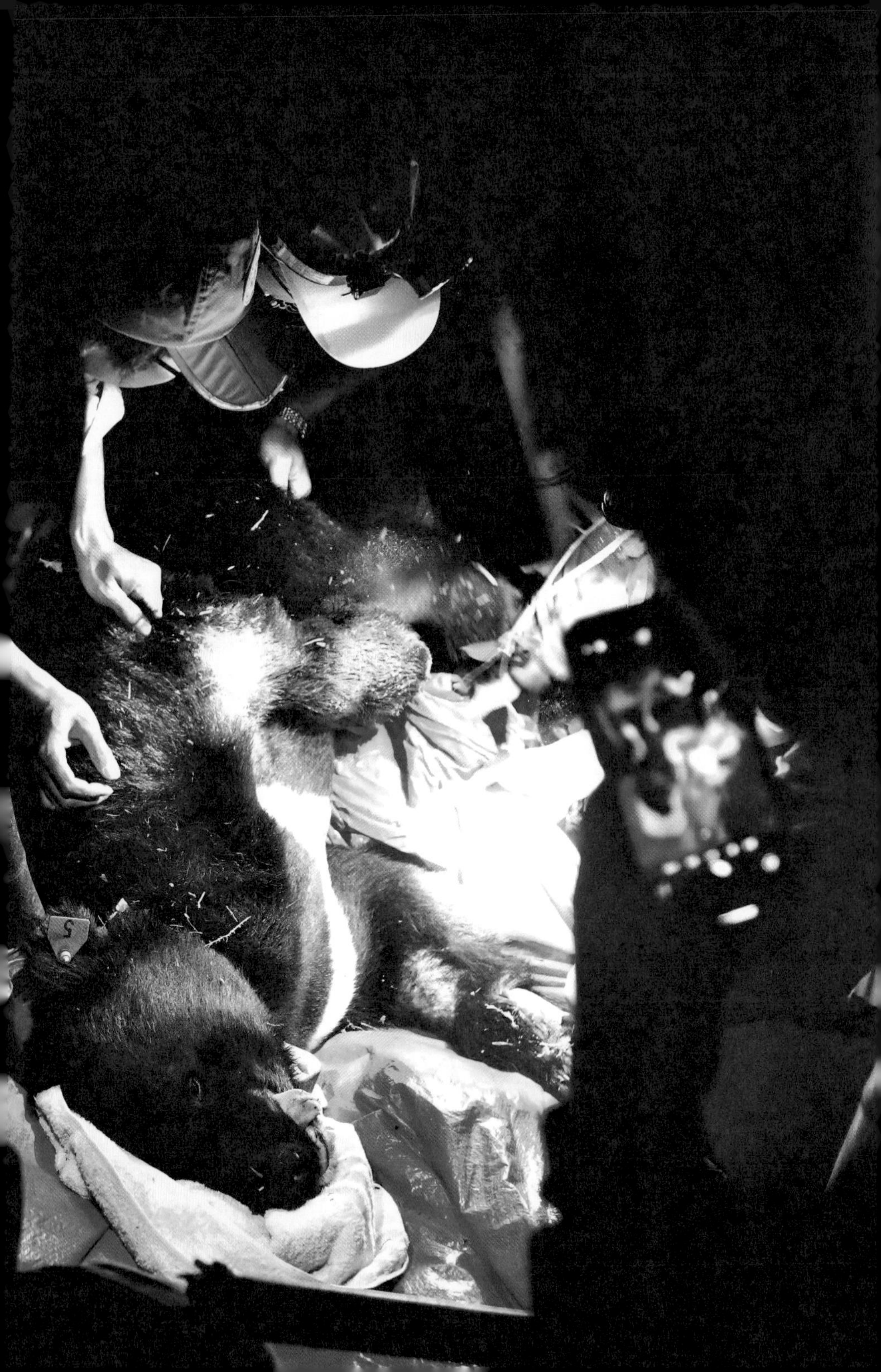

我並非原住民，所以我無法用原住民的角度，義正嚴詞地說這文化對於他們到底有多麼重要。不過，我想問，大家覺得殺豬公、燒紙錢在現今的文化是有必要留存的嗎？有人覺得破壞環境、汙染空氣，但也有人覺得這是文化的傳承，擁有不可被取代的意義。做一次叫做跟風，做了多次以上是文化，文化的廢存不是那麼容易可以改變。

若你是無神論者，平常不拜拜，當然可以說燒紙錢是一件該廢除的事。但初一、十五都要拜拜、祭祖的人，他們覺得如果沒有燒紙錢，就好像少了祖先的庇佑一樣。

我們都習慣看蘭嶼達悟族的原住民捕捉飛魚、殺飛魚、曬飛魚，他們靠海為生，這樣的作為彷若天經地義，但靠山維生的原住民為何今天獵捕山羌、山羊，大家會覺得是不當狩獵，而非覺得這是他們本來的文化呢？

是我們搶了黑熊的土地，且愈搶愈多

一直以來，不是做保育很困難，而是人類讓做保育這件事情變得困難。好好的一件器具，到了人類手裡可以變成陷阱，也可以變成擊發火藥的器具。

人類大面積地開發森林，既想要更舒適、方便的環境，又想要附近充滿蟲鳴鳥叫、綠意盎然。

但再開發下去，未來再也不會有合適野放黑熊的好所在。就與焚化爐一樣，大家都想乾淨、舒適，卻一直製造垃圾，從沒想過要垃圾減量。焚化爐要蓋，但離我家愈遠愈好。黑熊要野放，但拜託牠離我們愈來愈遠，可是卻忘記是我們搶了牠們的土地，且愈搶愈多。

大家都是自私地生活著，偶爾一看到可以鞭罵政府的新聞就毫不手軟，但更深層的問題，大家看到了嗎？這些在網路上罵最多的人，你們照顧過黑熊嗎？你們瞭解黑熊嗎？如果不在其位，就麻煩大家把嘴巴閉起來，別急著否定團隊與公部門的作為。

沒人可以跟黑熊溝通，每個人把自己該做的事情做好，問心無愧即可。但我必須要說的事是，無論是捉到黑熊或野放黑熊，對於我們來說，都是不想見到的事，但事情來了，我們就必須要扛，因為這是我們應該做的事情。而民眾的意見、謾罵，其實都會影響到團隊的各種決策以及作業流程。真正該被責罵的是那些說出致力於改革，但卻一事無成、毫無作為的官員。那些官員也才更該被民眾鞭策吧。

希望動物能有更好的家

黑熊雖然斷掌，雖然屢屢被捕獲，但牠卻比我們更渴望自由、更嚮往那片充滿殼斗科的森林。

711的死，是一場生命教育，就與當初因為捕捉，結果被打死而上新聞的東非狒狒一樣。在生命教育的過程裡，我們都有不同的見解，從野生動物到流浪貓狗，然後再到711黑熊。我們從這些動物身上學到了生命教育，這也是我透過個人粉專，不斷宣導的尊重生命的議題一樣。在這個過程裡，我們會有很多衝撞、火花，但這些衝撞與火花無疑是為了希望這些動物能有更好的家。

只可惜對於711黑熊這件事，有點來得太晚了……當初打死牠的獵人，或許這一生以來從未碰過這樣的情景，因此他驚慌、惶恐，甚至是害怕，怕林務局會對他懲罰、會責備他，於是他在眾多情緒裡挑選一個最簡單的——開槍把牠打死。

不管這過程如何，事情發生了，就是發生了。無論他們說的是真話，還是謊話，這些在我耳裡也已經都不重要了。我想做的事是，如果大家都不理解黑熊，那麼我願意不斷地透過各種管道去說明台灣黑熊的特點。

看到黑熊要裝死或爬樹，是錯誤的

黑熊長得圓圓黑黑的、眼睛大大的、睡覺愛睡彈簧床，見到我們，比你見到牠還要害怕。牠的嗅覺非常靈敏，聽覺也靈敏，只要一聽到或是聞到不熟悉的氣味，會早就躲得老遠。黑熊生性怕羞，但是為母則強。如果你有遇到小熊，請勿打擾黑熊的親子共處時光。也不要為了拍照而接近，甚至打擾牠們。因為母熊可能會攻擊你，而你可能會拆散母熊媽媽和小熊。

那麼，我們以前認為看到黑熊就要裝死或爬樹，是正確的嗎？其實裝死沒有用，至於爬樹，黑熊爬得比你更高、更快。

還有一個說法是一看到黑熊，就要往下坡跑，因為牠前肢短，如果下坡追你，牠一定會翻滾，但這根本大錯特錯！

我們曾經野放過一隻黑熊，牠跑的陡坡速度遠勝過我，為何我會這樣說呢？因為之

前曾經為了拍一隻野放的黑熊，我把攝影機 GoPro 放在樹上，結果不小心掉落，而掉落的位置剛好是黑熊最後逃跑的路線，幾乎接近陡坡，結果牠們咻一下就下去，而我還要一直抓樹木，才好不容易到達攝影機掉落的位置。

但如果剛好在林道遇見黑熊呢？不要擔心，就與碰到野狗一樣，雙眼直視牠，慢慢地往後退，不要讓牠認為你比牠還要弱小，讓牠認為你是獵物而去追你。等你退到你可以轉身的距離，再安安靜靜地離開。

但如果牠沒看到你，你卻看到了牠，那麼恭喜你，你可以用照片記錄一下，但請就悄悄地繞道而行，千萬不要靠近、打擾。

711離開時，並沒有恨，祂回歸到山神身邊了

在寫這本書的這段期間，因為711的關係，我又與署長及各位長官一同分享當時碰到711的心路歷程。有人從照顧到離開，一路哭得唏哩嘩啦。有人因為711而拍攝了許多紀錄片，讓更多台灣人認識黑熊。有人默默地追蹤711的行跡，希望711的同伴能有更好的未來，而我，卻一直著墨於711的故事，想與民眾宣導遇到黑熊時應該如何是好。

再回到當初臉書寫的這篇〈當時的我不清楚、不知道，但現在發生這件事情，我終於知道了〉，那時記者詢問：「如果你們知道黑熊是這樣的生物，那你們當初的決定還會有所不同嗎？」於是，我才回來寫了這篇文章。

再有不同，牠也只存在另一個平行時空了。我回想起最後巫師說的話：「711離開的時候，祂並沒有恨，祂回歸到山神身邊了。」

無論這句話是否為真，我們都願意相信，也算是對我們自己心靈的一種補償吧。

請神容易，送神難

拆除雪山翠池的土地公廟?!

「阿步，到土地公廟時，問一下土地公想去哪裡，然後一定要擲筊！」長官不斷耳提面命囑咐我。

有到訪過翠池的登山客，都知道翠池是一個神仙聖地。翠池在泰雅族語裡，稱呼為 Siron Hagai，意思是石頭水池。翠池的周圍有著眾多的圓柏森林，而且還是雪山山脈上最美的高山湖泊。

天晴時，偶爾會有幾隻酒紅朱雀過來覓食；陰雨時，湖面上的雲霧繚繞，頗有仙氣。夕陽西下時，許多人都會到翠池湖畔，觀賞對面雪山主峰與北稜角的黃金倒影，而再走遠一點，則是聖稜線的全貌映入眼簾。

夜幕降臨時，天空是擁有數億繁星的夜空，但最讓人印象深刻的，還是在高聳圓柏之間一間臨時搭建的土地公小廟。

雪山山友的心靈寄託——土地公廟

這間土地公小廟像是登山客的心靈寄託，遊客經過，都會在這裡放上一些糖果、餅乾，希望土地公爺爺能保佑每個人的行程平安、順利。土地公小廟旁邊，還有塊石頭寫著「平安」兩個字。

翠池的土地公廟，據說是在民國七十四年，救國團在雪山舉辦縱走活動，因為中途發生失聯意外，山友許願要是平安找到人，將來必定要在這裡蓋間土地公廟。

後來如願平安找到人，於是就蓋了小小的廟

宇，也讓後來進入雪山的山友都有份心靈寄託，就這樣過了三十多個年頭。

有一天，我突然接到長官的指示，要我們前往翠池的土地公廟，將土地公廟拆除，所以要我先前往看一下它的廟宇體積有多大，然後後續要如何安置。

還記得要拆除土地公廟前，我們每個人都覺得很難過。第一，這是我們民間的傳統信仰，而隨意拆廟，我們也會有所顧忌。第二，萬一拆除土地公廟後，如果有人在這期間發生山難，一定會說是因為我們對神明的不敬，所以才導致山難發生。

但如果不拆，民眾的耳語也不會放過我們，會說：「公務員褻瀆，怠惰不處理，一群米蟲啦……」無論如何，其實我都很難過。我抱著複雜的心情，就這樣一路踢到了翠池。

這一路的山景，不知道是因為走過太多遍，還是覺得自己愧對於雪山，我在這趟路程裡，實在沒有心情欣賞風景。內心的壓力讓我覺得很煎熬，不過我也相信做這決定的長官是更加煎熬。

擲筊，問土地公想去哪裡

「阿步，記得到土地公廟時，問一下土地公想去哪裡，然後一定要擲筊！」長官不斷耳提面命囑咐我。

「我如何知道土地公想去哪裡？如果我們轄區都問不出來，該怎麼辦？」我問，但一陣沉默降臨。

是啊，要是問不出一個所以然，該怎麼辦？不管啦，只好走一步算一步。

結果到了土地公廟，我卻什麼話都說不出來。我只能跟土地公對望。

我在廟前，幫土地公斟了一杯酒。我問土地公：「您知道我們這次來的目的嗎？」

聖筊。哇，沒想到天庭的八卦流通也滿快的。

於是，我持續默默地不發一語，讓時間靜止一下。

「那伯公，您決定好要去哪裡嗎？我這裡有幾個地點，給您參考一下。如果您要在那地方安置的話，就給我三個聖筊。」

第一個選項就失敗了

天啊，三個聖筊，我到底在想什麼？我覺得此趟可能不用下山了……（漢人多半遇到重大事情時會用擲筊決定。當事情需要更嚴謹處理時，通常希望神明連續給三個聖筊，並回應。）

「請問爺爺，小雪山資訊站的土地公廟如何？海拔夠高，氣候涼爽，離舊家只要翻幾個山脈就可以到了～」

沒筊。第一個選項就失敗了……

再來的選項，感覺更艱難了，然後我也只有準備兩個名單，第三個、第四個，我也沒想到應該哪裡適合。

「那爺爺請問一下，八仙山靜海寺如何呢？海拔低了點，天氣也較熱，不過登山客絡繹不絕，還有諸方神明陪伴。」

聖筊一個。蛤？有了一個聖筊，我不敢相信自己的眼睛。

「您說您想安置到靜海寺嗎？」

第二個聖筊。

「爺爺，確定是八仙山靜海寺了嗎？如果是的話，請再給我最後一個聖筊。」

三審定讞，就決定是靜海寺了。

於是，我在山上打個電話給長官。希望長官能盡快安排土地公的喬遷大喜。

掛完電話後，我就跑去繼續跟土地公談心事。

在土地公廟前哽咽了

其實，這一趟勤務，我們也都很不願意，但很謝謝土地公的體諒，沒有為難我們。

但沒想到我在土地公廟前說著說著，又哽咽了起來。總之，在公部門裡總是有太多「不得不」去做的事情。內心受到了委屈，最後也只能把心聲說給無聲的土地公，最後祈求原諒，我想這就跟告解室一樣吧。

將有形的神幻化為無形的靈，而守護一直都在。

事情又往後推了幾年，翠池的湖畔依舊翠綠，酒紅朱雀仍然為綠蔭中點綴了一抹紅。

雖然神廟已不復存，但最後仍然留了「平安」兩個字。希望路過的山友可以平安地來往這條山路，然後相互點頭，說聲：「你好。」

中橫上線失火，當初要用各種垂降技巧走在懸崖峭壁上，能上去的人也不多，所以一隊上去可能都會待五至十天不等。

山神的眼淚

每個巡山員都最不想碰到的森林火災

當一個巡山員，除了有山老鼠的勤務，可能會隨時被召回以外，還有一種勤務，其實是我們每個人都最不願意碰到的，那就是森林火災。

在鞍馬山的日子裡，因為長年溼氣，要遇到森林火災的機會，比其他三個站還來得渺茫，只是我唯一遇過的一次，可能也是最奇葩的一次。

我們一般所認知的森林大火，幾乎都是會燒盡整個山頭，還為了要防止跳火（火焰燒得太旺

盛，火星從A點飛到B點燃燒），所以必須開闢防火線，防止野火燃燒。

然而，那次在鞍馬山的火災，卻是只有一棵針葉樹因為雷擊，而樹幹開始產生熊熊大火，但樹木的旁邊卻沒有燃燒起來。但也不能因為只有燒一棵樹，我們就不挺進，所以當下主任也組織了一批人馬前往。

茫茫樹海中，尋找一棵燃燒的樹

因為是在林道的深處裡面燃燒，又只有一棵樹，這根本就是大海撈針。

沒有座標定位，也沒有明顯的山頭或建物，只有遊客傳來的一張照片，雖然有說是在哪裡拍到的。

還記得當時出動了十幾位同仁去尋找，但始終沒有找著。

後來，長官指揮我們排成一條線，要我們手牽手往上看，尋找煙點。

聽到這命令，我差點沒從無線電裡對罵，到底是有沒有經驗?!

現場沒有聞到火煙的氣味，那就是沒有。到底是表演給誰看？需要用這種方式尋找火點？

我們尋了幾次，都沒有找著。正當所有人一籌莫展，一位叫水哥的老前輩，喝水喝到一半，突然說：「那邊，看到那棵冒煙的樹了！」於是，大家開始用無線電通報發現目標了。

一行人繼續下切山谷，尋找目標。

因為直升機，火苗瞬間又燃燒

白煙直竄天際，但因為外面還下著雨，所以火勢沒有迅速燃燒，被雷擊斷的側枝也不斷冒煙，最適合的方法就是移除燃料了。

本來以為電鋸可以如期發揮功效，然後迅速解決，走人。沒想到電鋸因為過熱，所以鋸沒幾下就發不動了。

最後，只好每個壯丁輪番上陣，好不容易才將一塊面板切下，隔絕住了火源，再來，就只要灑水就好！

於是開始指揮空勤，前往我們的火點，實施空中灑水。

火勢本來已經控制住，火煙也愈來愈小。

正當大家準備收拾東西回去時，卻因為直升機飛過來，下降氣流瞬間也被帶了過來，被切出孔隙的樹幹，此時有了更好的對流空間，於是火苗突然瞬間就又燃燒起來。

在基地觀火的長官們，立刻用無線電打來，說：「鞍馬山1號，鞍馬山1號，你們那裡怎麼火勢有變大的趨勢？發生什麼事了嗎？」

瞬間，我還真的不知道該如何回答長官火勢為何變大，只覺得好氣又好笑。

光五月，已有三場森林大火

二〇二一年，公視有部影集《火神的眼淚》，描寫基層的消防員在現實環境裡遇到的辛酸以及無奈。同年，剛好碰上了一場大旱，電視劇裡在救火，身處山林的我們，同樣也在為森林火災而奔忙。

再加上因為那年還有新冠肺炎打亂生活，所以在人力安排以及調度上，都出現了很大的問題。第一場火災，我如果沒記錯，是在五月十三號，由惠蓀林場先開始響起第一槍，因為燃燒的面積滿大的，所以很多分署的同仁也一起投入火場，我們也是支援小隊。

那一年，真的是苦不堪言。因為疫情的關係，如果同仁疑似有病原感染，那麼我們過去支援的同仁，幾乎全部都要被隔離七天。

本以為支援完就沒事，沒想到五月十六號，又來了一起玉山杜鵑營地的大火。本來有可能需要過去支援，但因為我們有許多同仁都還在自主隔離，加上五月十九號，我們自己的轄區，馬崙山同時也發生了一場火災，所以幾乎整個五月，光是在台灣中南部，大型的森林火災，我知道的就有三場同時發生。然後在二〇二一年的二月，其實我們已經經歷一場中橫便道火災了，所以我們每個人都是屬於精疲力盡的狀態。

處理森林火災，是我們巡山員的第一線任務。很多手頭上的業務都必須暫停，全員投入火場。一開始，會有偵查員前去偵查火情，觀察風速、風向、溼度、天氣，再向工作站回報。同時間，機動救火隊（先遣部隊）就已經召回，並且開始整裝、備齊進入火場的物資與裝備（鏈鋸、砍刀、火拍、緊急糧食……），再前往火場，進行燃料移除與防火線開闢。

第二部隊補給大隊與幫浦小隊會開始規劃長天數的物資、便當、乾糧，還有水線配置規劃，準備幫第一隊背負至火場。之後管理科（之前稱為林政課）的同仁會成立火場應變中心，我們

簡稱ＩＣＳ（Incident Command System），觀察火勢燃燒狀況、同仁調度情形、小組分配，以及人員的身心狀況。

如果火勢燃燒太久，可能需要第三、第四組前往，所以只要發生一場火災，都沒有人員會是閒置狀態。

最驚險的中橫便道火災

我所參與過的森林火災，大大小小目前大概有十來場，其中以鞍馬山雷擊的勤務最為奇葩，而最驚險的是中橫便道火災。

前面敘述火災要做的事情好像很容易，但其實後勤支援以及調度才是一件最困難的事。

中橫因為九二一的關係，導致地形變得破碎不堪。那時是中橫上線失火，當初要用各種垂降技巧

走在懸崖峭壁上，能上去的人也不多，所以一隊上去可能都會待五至十天不等。

基於長天數的關係，加上能力問題，以及疫情作祟，所以在那場火災裡，每個人都是苦哈哈。而又因為連日大旱，空勤幾乎把德基水庫的水投到沒有水，也取不到水，國軍支援兩趟就說直升機出現問題，變成整場火災救援只有地面部隊。

現場懸崖峭壁，本來以為讓樹木燒完即可。結果指揮的人不懂現場，看到照片就說：「怎麼還有煙點？」執意要我們挺進。

沒想到，等到救火照片再一次回傳出來，才說：「你們為什麼要去那麼危險的地方救火？」讓我們真是百感交集。

同事下山後，久久地擁抱自己的小孩

每一次森林火災結束的時候，通常不是我們巡山員多會救火，或是空勤人員投入了多少直升機架次，這些多半只是防止火焰迅速燃燒，其實對於真正撲滅火源還是很有限。

最後要靠的還是老天爺的憐惜——真正地降下一場大雨，我們才有機會順利收工。

馬崙山大火燒了整整七天，中橫便道火災也燒了十天，我們的整個年假幾乎都在山林裡度過。

還記得那次拍下一張照片，是同事下山後久久地擁抱自己的小孩。因為同事過年無法在家裡團圓，而是跟我們幾個臭直男在山林裡互相取暖。

每個人都有說不出的無奈，這些無奈都會隨著森林的火焰一同燃燒殆盡，而最後的一場雨，會再將我們的心靈徹底洗刷一遍。

在火場，雷鳴是振奮人心的交響樂

記得以前年輕時看藤井樹的《這是我的答案》，裡面有句話我一直印象深刻：「因為給了你電話，所以連鈴聲都變成了天籟。」就像我們在火場的時候，蛙叫、雷鳴，對山友來說，或許覺得不悅耳，但當時對我們來說，那是一場振奮人心的交響樂。

Pianississimo（極弱）：霧氣緩緩籠罩在我們身上，森林瞬間安靜無聲，偶爾能聽見風聲呢喃。

Mezzo Piano（中弱的力度）：伴隨著霧雨，雨滴開始滴落在樹葉表面，驚嚇到的山羌開始叫囂著。

Sforzando（突然的重音）：一邊想著是否會被突如其來的大雨淋溼，快步奔跑在山林小路上。大雨不等人的急促落下，緊張的心跳聲與雨聲此起彼落，還伴隨著疲累的喘息聲……

森林要多久，
才能恢復以往鬱鬱蒼蒼的樣貌？

Crescendo（漸強）：下切到離登山口約兩公里時，雨勢愈來愈大，奔跑也來不及，不如跟雷聲一起狂吼，痛快地淋溼一場，雨神，你來了！我們也終於即將宣告任務結束。

Smorzando（突弱至消失）：回到了工作站，雨勢開始停緩，甚至太陽些微露臉。從雨鞋裡把水倒出，開心又有點苦澀地笑著說：「都穿雨鞋了，但連襪子都還會溼掉~但是，我很喜歡。」

雖然擦乾了身上的雨水，但心裡也知道如果沒有一直持續下雨，明天上工打火的機會還是滿高的。

台灣的森林火災發生原因，百分之九十九是人為

當火焰消失時，後續的事情，有誰還記得？台灣的森林火災發生原因，百分之九十九是人為。那麼到底是哪些人？遊客？山友？宗教團體？獵人？農民？工人？其實這些人都有引發森林火災的可能，但山上沒有監視攝影機，我們要如何斷定是誰放的火呢？這就是最讓人頭痛的地方。

如果沒有現行犯，當場人贓俱獲，我們其實莫可奈何。每當火災發生時，我們就必須用最快的速度集合待命。背著行囊，向火前行。濃煙吸好、吸滿，物資背好、背滿。休假的人都在上

演〈與妻訣別書〉，不是告別父母，就是告別戀人。

每個人背著二十公斤左右的行李爬上爬下，穿梭樹叢。大熱天裡，還要穿著厚重的防火衣，旁邊火在燒，身體的熱度也毫不遜色。

處理完火場的事，還要處理直升機載運物資的事，等任務結束，回到豐原，天色早已昏暗，飯卻一口都還未吃，辦公室裡的內勤人員也都仍然持續監控著同仁的安全與隊伍狀況。

而那些因不當用火而燒了整片杜鵑營地的人，卻還暗自竊喜地在臉書上寫：「生火就是我小時候必備的技能！」完全不知道我們為了熄滅這些火焰，花了多少人力、心力，還有犧牲了多少與家人共處的時光，才能換來這片刻的寧靜。

森林要多久，才能恢復以往鬱鬱蒼蒼的樣貌？

通常滅一場火就算快一點，回到家，也都是屬於夜的世界。一整天疲於救火，中午可能在火場隨意吃個飯糰，或是吃放到臭酸的便當。脫掉那身布滿灰燼，以及煙燻味的防焰衣，身上的塵埃刷了又刷、洗了又洗，卻總是無法把自己清洗乾淨，好幾次的水都是呈現黑褐色。

救火的過程裡，有人被落石砸傷、有人被燙傷，還有人器具使用過度，因而手指破皮、腳起

水泡，但比起這片森林受到的傷害，這些都是小傷。我們只要休息個一兩天就會痊癒，但這片森林又要用多少的時間，才能恢復成以往那鬱鬱蒼蒼的樣貌？

等前面的任務告一段落，後面撫育森林的業務就準備開始進行了。

每次的森林火災都象徵著森林的一次重生。每當森林受傷，我們幫森林貼上膏藥，等時間到了，傷口會慢慢癒合，無論用十年，甚至百年的時間。

因為撿起一顆種子非常容易，但種成一棵大樹，永遠都不是那麼容易，而當大樹要成林，那就更加的困難了。

輯二

我的巡山員之路

巡山員的訓練

直升機垂降、野地訓練……

教官突然播放一個國外直升機駕駛員沒遵照SOP流程，臉部被直升機尾翼變成絞肉的畫面給大家看。我們心驚膽顫，再也不敢不遵守規矩。

當一名合格的巡山員，除了要有身經百戰的豐富野外經驗，以及能耐得住寂寞外，最重要的，是要跟繩子做好朋友。

剛進來單位的時候，對於童軍繩的知識，可能只有國中時流行牽豬哥的一種繩子遊戲（將繩子倒在雙方手上，用甩繩的方式，將繩圈晃到對方手上，成功圈起來，並且圈愈多圈的就是贏家），就再也沒有接觸過，我對於繩索的基本知識根本是零。

與國軍的特戰部隊一起訓練

除了跟繩子做好朋友，我們的基本訓練其實從剛報到的時候就安排了一連串的基礎課程。剛入行時，是跟著消防隊員爬上爬下。消防隊員用他們專業的設備，咻一下就滑下高台。但因為我們的需求與消防有些落差，所以後來與國軍的特戰部隊一起訓練。

為什麼說我們的方式會與消防隊有很大落差呢？原因在於他們講求的是快速抵達傷患或搜救者的身邊，所以他們需要很多輔助他們搜救的器材，最好是有任意門，如果沒有，能多快抵達，就多快抵達，畢竟是在與死神搶時間。

而特戰部隊，他們的使命就是達成任務。過程未必要快，但是要正確以及達成目的，更重要的是，他們也是在野外行走，東西能少用就少用，最好一條繩子就能完成所有事情，如果不行，就兩條！所以設備相對簡單，也符合我們走入大山的需求，於是我們就著特戰部隊一起訓練了好一段時間。

十三種繩結，讓人腦袋打死結

訓練分為初階以及進階訓練。如果膽子夠大，體力不差，還有機會坐上黑鷹直升機。每次我

都笑說別人是花錢買票坐艙內，我們是因為搭免費飛機，所以只能掛在半空，不准進去。

初階訓練的課程其實很簡單，從認識勤務的大背包、背包背負技巧、物品打包方式、走路的平衡與技巧以外，還有一些野外急救的方式，例如CPR的技巧三角巾的包覆方式、失溫包裹如何製作、高山症是什麼，到最後認識出勤用的繩結技巧及運用。

聽起來很多，做起來也確實不容易。光是一開始要認識的十三種繩結，我就傷透腦筋，每次都是手上繩子的結型還來不及完成，腦袋就先打上了死結。

背包整理也都是放得東倒西歪，東西掛得到處都是。三角巾更不用說了，雖然是國中課程就開始接觸，但用到的少。每次第一個步驟開始，我就忘記手到底要怎麼放了。

但當這些動作反覆練習時，其實就好像沒什麼了，就像是呼吸一樣，遇到了，就知道該怎麼去動作。唯獨三角巾，我現在仍然想不起來，我要先打結，還是先包覆傷肢。

垂降時，要小心咬人貓的埋伏

初階訓練過後，接著是以野地為場所訓練的進階課程。聽起來有點像是特戰部隊的山訓（給你一把刀、一包鹽，把你丟在野外，你必須看地圖，回到指定區域），當然我們沒有那麼誇張，多半是給你幾條繩索，教官分組指定抵達區域，然後小隊在崇山峻嶺之間，用繩索垂降到足以步行通過的區域。

接著，運用初階訓練的十三種繩結，選擇出自己最熟悉的結型，分別在樹上打上固定點、運用座位式席結編織出自己的吊掛衣，最後再用五十米的繩索進行垂降。

在下降的過程中會遇到各種擾人的植物，有些植物有倒刺、有些藤蔓富有韌性，更慘的是選錯下降地點，結果遇到滿山遍野的咬人貓，彷彿早已埋伏，等待著人類的到來。

偶爾會聽到學員爽快地喊出：「呀呼～～～」快速蹬牆下降高呼，抑或是聽到遠處傳來「XXX，誰選這個地點的啦！咬人貓一堆!!」怨聲載道地大聲怒罵。

但這些都不是在刁難我們，而是比照我們在野外可能實際遇上的狀況。扎實的訓練是為了讓我們的出勤更加安全。

十文溪的上溯、佳保溪的橫渡以及傷患救援，雖然每次都選在揮汗如雨的季節，有時候不想受訓的矛盾心態，都會很希望訓練到一半來場傾盆大雨，這樣就不用那麼勤勞了。但偏偏都事與願違，總是在訓練完後才下起傾盆大雨，頓時八仙山上蛙鳴蟬噪，像是嘲笑的聲音，若再伴隨著雷聲響起，那嘲諷的意味就更加濃厚了。

不過，無論過程怎樣，結局都是完美的。

晚上準備就寢時，教官和學員會拿著啤酒以及鹹酥雞，三五成群，一起坐在通鋪大廳。教官開始檢討訓練期間，我們有哪些動作做得不確實，有哪些行為會產生風險。不過可能還沒進入正題，大家都已經酩酊大醉。原住民朋友也開始認親大會了：「從豐原到桃園，埔里到太麻里，都有我們的親戚跟姐妹～～」

搭乘黑鷹直升機，進行垂降訓練

當進階訓練結束後，其實還有很多不定期的訓練課程，例如攀樹、溯溪、植物辨識、木材辨識、漂流木檢尺、病蟲害防治、園藝等，有各種相關知識以及職能技巧的培養與訓練。所以我時常對朋友說：「當別人花錢在外面上這些課程的時候，我們總是有機會免費學習這些新事物和技巧。」

不過，最特別的當然還是搭乘黑鷹直升機。從機身跳出去的一瞬間，才明瞭自己身為巡山員的使命感，是很與眾不同的。

直升機垂降訓練也是我們巡山員演練的重頭戲之一。我們會安排兩天練習時間，第一天會在室內聽教官的簡報，告知我們直升機的危險性，進出艙時都要跟機門維持九十度，並且不能打直軀幹，否則會被螺旋槳給波及。

說時遲，那時快，教官突然播放一個國外直升機駕駛員沒遵照SOP流程，臉部被直升機尾翼變成絞肉的畫面給大家看。我們心驚膽顫，再也不敢不遵守規矩。

室內課上完，一行人就會前往悶熱的機棚去做直升機吊掛的各種流程。訓練過程比起林野巡視的訓練相對容易，只是跨出艙門的那一步是必須要克服的，剩下的只要按照教官說的

ＳＯＰ，基本上每個人都可以順利完成。

第二天，天氣實在炎熱，一行人穿著新型的防焰衣，颱風過後卻未帶來半滴雨水，又是一個中暑的節奏。趁著直升機還未抵達現場，在廣大的草坪上還有一絲清涼的微風吹過，脫掉外套體會那寧靜的片刻。霎時，群鳥低空鼓譟飛過，遠處傳來一陣陣轟隆隆的聲響，藍天白雲後面襯托出了一點紅，空中的大怪物——黑鷹直升機就這樣飛馳到了我們的上空。

當直升機降落的那一刻，空氣裡充滿柴油引擎點燃的味道，遠處的山頭也被熱氣燙得融化了原本的樣貌。

螺旋槳震耳欲聾的聲音從不停歇，飛沙走石不斷地打在每一位巡山員的臉上，我們半蹲倚靠，才不至於被大怪物的下旋氣流給吹得東倒西歪。

安靜得只剩下自己的心跳聲

教官緩緩地從機門走下來，交代學員們昨天講的注意事項：「上飛機前，記得一列縱隊進入機艙。如果教官沒下達進來的手勢，請勿隨意走動。靠近機門與離開機門記得要保持九十度，並且彎腰前進，不要抬頭挺胸。注意自己身上的扣環隨時保持在閉鎖狀態，安全鎖記得要扣，上飛機的時候，確保繩務必要扣住。如果你敢隨意解開確保繩，我就有膽叫你立刻滾出飛機。」

後面的隊員搭著前一位隊員的肩膀，依循第一位隊員的腳步前進飛機。每跑一步路，各種金屬吊環碰撞的哐啷聲響就在腰帶間傳了出來，直到腳尖跨站到直升機前的每一刻，都無法得到片刻的安寧。

大安溪旁的甜根子草在午後的陽光照耀下，就像是下雪的秋季。上機前的恐懼，隨著直升機有規律的巨響逐漸顯得平靜，安靜得只剩下自己的心跳聲，專注在自己的每一個動作——八字結是否結型正確？吊帶衣是否過鬆？身上是否有多餘的繩子會干擾？最重要的……手機是否有妥善收好。

長官的手機也跳了下來……

曾經我的長官一起前往做直升機吊掛的訓練，結果我們一群人眼睜睜地看著長官縱身跳下的英姿，但長官的手機也直接跳了下來。

當場每個人叫得比長官還要大聲。本來以為手機會支離破碎，沒想到卻安然無恙！

當這些準備動作都預備好的時候，坐在直升機門口，真的會讓人屏住呼吸。雖然只有四層樓的高度，但卻很怕一個閃神，發生什麼意外。

將靜力繩握在手上的那一瞬間，知道這條是自己僅存的生命線。萬一左手繩子放太快，人員就會迅速掉落，後果就是自己承擔了。

教官在機門旁比出是否做好準備的手勢，拍了拍頭盔，比出ＯＫ，隨即將確保繩解開，我就這樣跳出了直升機外。

那片刻的時間是靜止的，任憑繩索被下旋氣流扭轉得像是麻花捲一樣。雙腳著地，迅速解開繩索，快速離開現場。

我的心情無比激動，終於平安著地，而手機呢？摸一摸胸口，還好，它也平安落地，沒事。

一連串緊湊的訓練就這樣隨著有甜根子草陪伴的午後，以及沁涼的飲料下，結束了忙碌的巡山員例行性訓練。

徒步環島

埋下「深山特遣」到雪山西稜的伏筆

現場四位委員目瞪口呆，其中一位主任瞬間大喊：「好，他就是要來鞍馬山，我一定要好好地操他！『深山特遣』一定要讓他去走雪山西稜！」

當初在二〇一五年考進來的時候，我們還需要做一個期末報告，來證明你這幾個禮拜跟前輩學到了什麼。

那時候，我還記得承辦千叮嚀、萬叮嚀地說：「如果不是很特別的事情，就不要說，不要浪費時間。」

但那時候的我，也不知道什麼叫做特別，什麼叫做不特別。因為曾經在台北當個社畜，對於從事林業的人來說，我們的工作是很特別，但說出來卻又非常平凡，就是上班打卡、下班打卡，沒事用英文稱呼組員，今天輔導了什麼大公司，然後為公司賺進多少營業額，或帶了多少對岸的領導來到台灣學習，不外乎都是很不特別的事。

於是，我一直在想，我到底還有什麼特別的事情可以跟每個前輩述說，可以讓我說出半輩子的輝煌，於是我說出曾經徒步環島三十六天的紀錄。

我還記得當時原本並不看好我的評審，頓時放下手邊的書面資料，瞪大眼睛，看著我。

我一定是瘋了，才會選擇徒步環島

其實，徒步環島一直沒有在我的人生規劃裡。我翻了翻十年前的照片，才覺得這樣壯闊又可笑的冒險，竟然就跑到我的生命裡。我也永遠忘不了，當我們走到台北市區，朋友面對記者的提問：「你們是為什麼想要徒步環島呢？」

他回答：「啊就吃飽太閒啊！」（濃厚的南部口音）

記者回應：「好的，謝謝！」之後，就再也沒有下文了。

現在想想，是否人生就這樣與成名錯身而過了？

這三十六天的旅程，開始對於人生有了不一樣的體悟，包括要如何裝載四個人的行李，要穿什麼衣服？要背背包，還是要推菜籃車？鞋子要怎麼穿？要如何防曬？要住哪裡？十年前的我只做過自助旅行準備，也從來沒想過這次的旅程會長達一個多月，且全程都是用走路的。我一定是瘋了，連我媽也這樣認為，就跟我報考巡山員一樣。

其實徒步環島對我來說最大的問題，不外乎就是父母的擔心了，所以一直要到出發前，我都還在想怎樣跟父母說出口，他們才會鼓勵我做這樣瘋狂的行為。後來，我選擇什麼都不說，就先斬後奏吧！

我想等我走到台南老家的那一天，父母應該就沒有理由阻止我繼續下去，我也有理由說我不能放棄。

成立「大包小包走路去環島」粉專

於是，我跟同伴們做了一個「大包小包走路去環島」的粉專。全隊都戴著斗笠，推著一台載貨物用的板車，我們就朝著南投逆時針出發了。

我還記得走到第八天，我跟父母通電話時忐忑的心情。電話另一端的媽媽問我何時回台南，幾點會到，我一律都說我還不確定耶。

但等到我下一通打電話回家時，我說我快到家了。媽媽當時問，要到哪裡接我時，我說：「我走回家，從台中。」他們頓時以為我在開玩笑。

到家時，除了爸媽善意的嘮叨外，各個親朋好友都來看自家的瘋子如何從台中走到台南，並且還要再一路逆時針地往回走，每個人都表現出人性最原始的好奇心。

而從柳營到茄拔，那裡廟口的人聽聞我們徒步環島，晚上很熱情地招呼我們。我還記得有位大哥手彈吉他、腳拍鈴鼓，嘴巴還吹口風琴，他希望我們徒步環島回來後，若有機會，可以好好介紹屬於那晚的日子。但距今十多年了，我只能在這裡記錄我們曾經擁有過的快樂。

屏東的熱情、台東的海、花蓮的山、宜蘭的雨、台北的吃飽太閒，我們一路上受到很多人的鼓勵，也在台東遇到第二次徒步環島的鍾品澄導演，他為了幫部落募資，開始《穿越世界末日——為愛而走》（紀錄片名稱）的旅程，他推的板車是我們的好幾倍大。

在徒步環島期間，我看到台灣的美麗與大海的壯闊，而當我打開十年前的部落格，發現原來早在寫〈慕谷慕魚〉這一篇環島遊記時，我就開始喜歡上這片大山，那時，我還努力地撿拾垃圾下山，而十年後，我仍然走在這條路上。

時間再次回到簡報室，現場四位委員目瞪口呆，其中一位主任瞬間大喊：「好，他就是要來鞍馬山，我一定要好好地操他！『深山特遣』一定要讓他去走雪山西稜！」

這次換我目瞪口呆了。

我到底說了什麼不該說的話了？

森林裡的人

雞冠頭前輩、老爹、廚娘……

山林的空氣特別新鮮，水特別的甜，星空特別的亮麗，人也特別的不一樣，所以每道料理一上桌，再不特別的青菜，頓時也覺得特別了起來。

上山的戰袍

如果說，西裝筆挺的裝扮是在都市叢林裡的戰袍，那麼，山上的戰袍不外乎就是雨鞋跟殘破不堪的舒適衣物。一開始進到工作站，除了看到那位一百九十公分、帶有殺氣騰騰的臉的壯碩員工以外，還有另一位我很尊敬的前輩。

前輩因為是體育老師出身，所以脖子上總是喜歡掛著一條毛巾，他也擁有一百九十公分的高大身材，雖然快到退休年紀，但卻留著帥氣的經典貝克漢雞冠頭（二〇〇二年世足髮型）。

我在工作站無聊的時候就喜歡畫一些很特別的人物，而我偷偷畫出來的第一位人物就是那位雞冠頭前輩。

穿著一身帥氣的牛仔衣物救火的老爹

工作站的每個人，完全不像都市裡的人，因為都市裡的人，每個人都像是同一個模板刻出來一樣，然而山林裡的同事，每個人都具有鮮明的形象以及背景，除了典型的魁梧森林直男以外，還有被形容成老夫子與大番薯的同事，有時看似感情不融洽，卻又十分互相配合對方。

至於說著一口外省口音的高胖大叔，我們工作站都叫他老爹。老爹有渾厚的嗓音跟特殊的腔調，在遊樂區服務的他，看到我們，都會大聲說：「歡迎光臨。」還有擅長辨識木頭的老前輩，明明都到了當爺爺的年紀，卻每次都會穿著一身帥氣的牛仔衣物，連協助救火時，都不例外。

總之，山林裡的每一位前輩都很有特色，反觀剛上山的我，穿著俗稱有狗鐵絲（GORE-TEX，一種防水透氣布料）的長毛象衣物，以及黃色「踢不爛」（美國知名品牌 Timberland）經典靴子，本來我以為會很有特色，沒想到在前輩面前反而顯得毫無特色。

因為山上的時尚穿著是雨鞋，配上殘破不堪的舒適衣物。

廚娘是巡山員「胃的守護者」

山上的生活和山下比起來，除了交通真的有點不方便以外，其他其實沒有太大的差別。山上有電、有網路、有熱水可以洗澡，還有燒得一手好菜的廚娘。如果說我們是森林的守護者，那麼山林的廚娘一定是每個巡山員「胃的守護者」。

每一個偏遠的山區，都會有一個很厲害的廚娘，她照顧著每個巡山員的胃。

大雪山跟其他工作站最不一樣的地方，是它位在森林遊樂區裡，而在這五十公里的林道上，沒有任何一間便利商店或雜貨店。如果要吃東西，要麼就是像松

鼠一樣先囤貨，要麼就是跟廚娘打好關係，看晚上是否能有一些小點心可以吃。

鞍馬山的廚娘，我們叫她阿英姐。阿英姐很厲害，從一般的家常料理到迎新或是迎賓的滿漢全席，都難不倒她。從森林裡的竹筍到溪裡的苦花，只要到了阿英姐手上，每一道都能吃到食物的原汁原味，而那些酸甜苦辣的滋味，也從來不是平地的人能享受到的美味。

或許是山林的空氣特別新鮮，水特別的甜，星空特別的亮麗，人也特別的不一樣，所以每道料理一上桌，再不特別的青菜，頓時也覺得特別了起來。

在這座森林裡，似乎就是要有自己的特色，才會有本事生活下去。初來乍到的時候，我是一個最沒特色的人，沒爬過山、背得不多、白面書生，大概就是這樣吧。到底怎麼活著、挺到現在，我自己都忘了。

夥伴

檔車是巡山員的第二雙腿

接觸檔車的這七個年頭，我愈來愈喜歡這種麻煩的操控感。

「我從山林來　越過綠野／跨過溝溪向前行／野狼 野狼 野狼豪邁奔放　不怕路艱險／任我遨遊　史帝田鐵／三陽野狼 125」

這是一九七四年在台灣流行的一首廣告歌。野狼王朝，也是從那時候開始建立起它的地位。它有名到車圈裡流傳著這麼一句揶揄的話：「有殼的都酷龍（光陽出的一台接近賽車車型的檔車）；無殼的都野狼」。不過這也代表很多人對檔車的車型不瞭解，只要看到像送瓦斯的那種車，也會叫它「野狼」，野狼在那年代所打下來的地位完全是不可被抹煞的。

巡山員要會騎檔車

身為一位合格的巡山員，除了要有足夠的體能，也必須要會騎乘打檔機車。偶爾會聽到父母輩用「武車」去形容檔車，因為它不像是速可達一樣方便，只要催個油門就可以上路。如果要用簡單的話來說，就是手排機車啦，所以有更多的技術方面要去考量，再來因為那年代買檔車的人大部分都是勞工階級，例如有載貨需求，或是要載比較重的東西，所以看起來比較粗獷、豪邁，因此也才用武車來稱呼檔車。

至於速可達那一類的機車，騎乘方式比較斯文，是一般公教人員的代步工具，也因為那年代有電影《羅馬假期》所帶來的偉士牌風潮，自然而然，它就變成了讀書人在騎的車，如果用現在的話來說，就是文青風吧。於是，機車也就有了文、武車的區別。

騎乘檔車一直是我學生時期的夢想。高中剛滿十八歲的時候，老媽曾問我，機車想要買那一台。我還記得那年我喜歡橘色，而野狼傳奇出了一台橘白色的經典配色版，我毫不猶豫地說出：「我想買野狼傳奇。」沒想到，父母卻猶豫了一陣子，遲遲不肯買。

或許我父母心中一直覺得騎乘檔車還是一件危險的事情，又或許在他們心中，他們也暗自把機車給階級化，認為要騎速可達才符合「讀書人」的氣質。

但或許是我不希望有家庭革命，所以最後無奈配合父母，我選了一台黑白復古Vino。它跟偉士牌的外型有點像，騎起來的氣質也跟讀書人很像。但……我天生就是個武人。

在考巡山員之前，我並不會騎檔車。還記得第一次考巡山員時（對！我考了兩次才考上！）我就是敗在檔車這一關。因為自己練習不夠，另外也想要圓一下十八歲的夢想，於是希望能買一台野狼來練習。

但偏偏老媽使出殺手鐧，她說：「你會想要看到媽媽騎檔車去買菜嗎？」（老實說，我真的滿想看我媽騎檔車去買菜的，因為只有一個帥字可以形容。）老媽又接著說：「騎檔車很危險，不要啦。你不要做讓父母擔心的事……」

那時，我覺得我這輩子可能沒什麼機會碰檔車了，也可能跟巡山員這工作無緣了，但你永遠不知道老天爺要怎麼再度跟你開玩笑。

在二〇一五年年底，巡山員又招考了第二次。這一次，我跟北部朋友借了野狼（還是稀有三表野狼！）練習了一個月。臨陣磨槍，不亮也光。

這輩子最難忘的一幅森林美景

在那個年代，巡山員是什麼，大家根本一頭霧水。只知道薪水少、遠離人群，還要到深山工

作。而在人力極缺的情況下，基本上，當檔車跟體能過了，筆試不要考太差，都有很大的機會錄取，所以在運氣很好的情況下，我就考上那年的巡山員。

如果槍是軍人的第二生命，那麼檔車可能就是我們巡山員的第二雙腿。

一般民眾會很納悶，為什麼巡山員一定要會騎檔車？其實這與我們的工作有很大關係，因為我們都是在山區工作，有些林班地陡峭，靠雙腿要花很長的時間，但是騎著檔車就不一樣了，一瞬間就可以到達你要的目的地。

為了要讓自己的檔車技術更熟練，也剛好朋友要賣他的二手野狼，雖然不是我曾經夢想的那台橘白色配色，我不顧父母阻止，決定實現自己是個武人的夢想。

很多人說，檔車只是騎帥，很容易就會對它感到厭煩與覺得不方便。剛開始騎檔車時，我也很怕這句話會發生在我身上，但接觸檔車的這七個年頭，我反而愈來愈喜歡這種麻煩的操控感。

「打檔是種生活，我們是被離合器篩選的人。」每次在山上騎著自己的夥伴，遨遊在林間小路，再到一個人煙罕至的地方，背包一放，率性地吃起廚娘為我準備的美味飯糰。

當騎在夕陽餘暉的大雪山林道上時，我愛上了騎車的日子，也讓上班變成我最大的樂趣。一早起來沐浴在森林浴裡，喝一杯咖啡，再一腳踩下踏桿的那種爽感，聽著引擎駛動的聲音，一檔、二檔、三檔、衝出工作站，然後大冠鷲陪我一起飛翔了一小段林道才離開，我想這真是我這輩子最難忘的一幅森林美景了。

一匹難以駕馭的野馬

剛到工作站時，我拿到的檔車夥伴是光陽化油器版的KTR，當時工作站對它的形容是就像一匹難以駕馭的野馬，因為前碟後鼓（前煞車是碟煞，後煞車是鼓煞）。很多人騎車會過於緊張，而一遇到緊急狀況，就會把煞車全壓，導致前輪鎖死後摔車，也因此我這台檔車傷勢不輕。

我繞到檔車前面看它，還真的是滿可憐的，方向燈、轉速表、油表，無一倖免。我心想若我要跟這匹野馬度過山林歲月，實在有點不安心啊。好在這些年也騎出了心得，只有因為天雨路滑不小心滑倒，至於前輩說的那一些事故，倒是都沒遇到。

後來，因為這台車年紀大了，也就被時代的洪流給淘汰了。因為環保法規上路的關係，林務局後來只能用少少的預算（那種連塑膠車都快買不下去的預算）去採購檔車，所以最後我們騎乘的幾乎都是環保法規下的犧牲者——沒有力的、不適合山路的、太笨重的、野狼125。

任我遨遊的史帝田鐵的廣告歌詞，在我們這輩的眼裡幾乎已不復存在；是不是檔車，好像也

不是那麼重要了。

檔車陪伴我走在山林的日子功不可沒。如果可以，未來的巡山日子，我希望還是有檔車陪伴我。

意外總是特別多

悼念昔日同袍

學長跟他的女友一起前往工作站執勤，但因為颱風、連日大雨，許多道路都被大雨沖壞。學長詢問是否能夠撤退，得到的卻是比大雨還無情的答案。

進入到山林裡，每個人都會有屬於自己的儀式。漢人習慣到廟裡祈求神明保佑，原住民會跟天父以及祖靈聊天，而我則是習慣將自己隨身佩戴的小刀過火，或是將刀鞘跟刀劍撞擊，祈求這次的任務能圓滿結束。

只要看過《那啊哪啊神去村》的電影，或許對這些儀式都不陌生。影片裡最後描寫村莊裡的小孩不見，村民要入山去找小孩時，舉行了各種儀式，以祈求被神明隱身的人即時出現，而我們之所以會做這些儀式，也都是為了平安歸來。

別忽略大自然給我們的訊息

還記得有一次的救火勤務，當時是工作站的主任帶隊，我們整個隊伍大約快要十五人，浩浩蕩蕩地走在大安溪溪谷底下。

台灣的河床與溪谷一直是屬於挺脆弱的地形，尤其是大安溪，每年進去調查的時候，河床與路線幾乎都會重新被刷新，所以只要是汛期（大水期間），我們一般都不會沒事進入。

以前爺爺時常告訴我，進入山林裡要會察言觀色，現象不會只是單一存在，而是會一起影響，例如：

當你看到地面龜裂時，你要想到地層是否開始脆弱；

當你看到大樹的綠蔭不再，是否祂正在死亡？

看到小熊時，不要覺得牠很可愛就靠近，因為母熊多半就在旁邊。

大自然的一切都是有規律的。

因此，我也自然而然開始觀察大自然的一切，舉凡遊客走出來的路徑、山老鼠滾落木頭撞擊的痕跡，或是偶爾隨風飄來的檜木味道，這些都是大自然給我們的訊息。

而我以前也時常被前輩告知，如果你聽到小石頭掉落的聲音，請記得停住腳步，好好觀察，並留意聲音的方向。因為一聽到小石頭唏哩唏哩掉落的聲音，有可能更大的石頭會有機會掉落。

不過，我本來以為這句話跟我不會有太多的關聯。因為走在溪谷河床上，沒意外的話，通常都是好走的，或者有點像是郊遊的心態，因為並不會遇到崩塌或是懸崖峭壁，所以除了涉水過溪需要小心點以外，其他的，都還算是輕鬆。

大石頭，突然從天而降

走過了「祖靈的眼睛」這片大崩壁，後面的路徑，水流比較多，賓拉登爺爺也先告知了大家。幾個學長走在前面，先通過了幾條比較大的溪流。當時帶隊的主任是位女生，對於走這片山路也比較陌生，而她剛來我們工作站接任主任，就偏偏遇到這場森林火災。

我記得我當時正走在主任的前方，本來大家還有說有笑地通過溪谷，但突然間，我好像聽到有小石頭的聲音從我背後唏哩唏哩地掉下來。我轉頭一看，一顆約莫五十公分的大石頭，突然從天而降，也不知道是哪裡來的反應，我突然對後面的主任大喊：「有落石，不要動！」砰地

一聲，大石頭應聲而下，緊接著是主任的一聲尖叫，因為大石頭就這樣掉在主任的正前方。要是我當時沒有聽進前輩的話，我實在無法想像，這一趟勤務到底會給我們什麼樣慘痛的教訓。這麼多年來，或許主任已經忘記這件事。但前輩的話，我卻會記住一輩子。

「山林中的每顆石頭都刻好你的名字，有時候不是你走快一點，就可以閃過，也不是說你走慢一點，就不會遇到。」這是前輩曾說過極富哲理的一段話。

這幾年的風災、水災、地震，讓台灣的地質非常不穩定，隨時都可能有落石發生，尤其是我們時常會開車從舊中橫前往梨山，天天都像是玩命一樣。如果不開車，前去梨山，就必須要花上六個小時，而開舊中橫，大約可以快上兩小時到三小時的時間，只是要配合管制時間以及氣候因素，一有風雨，隨即就必須撤出轉往合歡山的道路。

土石流將整個工作站吞沒

剛進來報到的時候，比我們大幾屆的學長，他們同梯都會有個傳統，在每年的六月都會前去靈堂悼念以前的同袍。

一直以來，我以為是生病離世，後來得知原來是在一場大意外中，被吞沒在土石流的建築裡。每次聽前輩說起來，心裡也是不勝唏噓。事情發生的時候，我還沒擔任巡山員，只知道在某年的豪大雨，學長跟他的女友一起前往工作站執勤，但因為颱風、連日大雨，許多道路都被大雨沖壞。學長詢問是否能夠撤退，但得到的卻是比大雨還無情的答案。

上邊坡的土石無法承受連日五百毫米（mm）的雨水，於是形成了土石流，將整個工作站吞沒。

道路完全中斷，搶救過程只能緊急從水路運送、救援。在與死神拔河的情況下，還是輸給了死神，最後學長跟他的女友雙雙不治。

也因為這起案件，農委會（現稱農業部）全面檢討「天然災害期間留守人員撤離要點」，希望能給後面的巡山人員有更安全的保障。

只有短短幾百個字，如此輕描淡寫一件大災難的發生，更成為家屬及同袍心中永遠的痛。

巡山員的保障在何處？

從一顆落石看到了土石流的災難。我們行走山林的人，誰都不希望遇到災難，但水火無情，什麼時候會把人帶走，我們都不會知道。

有前輩目睹土石在面前整片滑落，我們也曾經開車在林道上，馬路突然出現天坑，一掉下去就是深淵，還因此封閉了遊樂區整整半年或一年。

巡山員的保障從以前就不比公務人員優渥。很多人都認為我們是公務員，但實際上，我們卻是廣義的公務員。要懲處的時候，身分變成了公務員，但真的要福利的時候，卻說我們是用約僱人員條例，然後身分又不如現今的技工、工友。

雖然表面上看起來薪水天花板較高，但其實很多正式人員應有的福利，我們這裡通通都拿不到。現行的一例一休，又說我們不是勞工，所以週休二日出勤，加班費無法加乘。唯一的慰藉，可能就是一張一萬六千元的國民旅遊卡了吧。

我知道我們的福利已經比以前還要好，但是遇到災難意外時，真的要與警消比起來，我們的保障卻遠遠不及他們。因為那次學長的意外，將我們的理賠不合理推上檯面，也讓我們未來的理賠金額有著較好看的數字，然而在我的心裡，政府就是出了事才會想辦法補救，沒出事的時候，永遠都視而不見。

我們行走山林的人，誰都不希望遇到災難，但水火無情，什麼時候會把人帶走，我們都不會知道。

法師口中呢喃，接著對我說：「聖祖會去幫忙，你就再去附近的土地公廟道歉就可以了。對了，你到底做了什麼事？」

我與鬼的相遇？

山野奇談

山林裡面，總是有各種各樣的民間傳說，一如我們之前的主管所說，「台灣哪座山頭沒死過人？如果今天擔心會遇到鬼，那乾脆不要走了。」主管話講得很直，但似乎也沒有錯。

從雪山山屋到玉山的黃色小飛俠，還有松蘿湖畔的謎之聲音、嘉明湖上的外星人，以及黑色奇萊的眾多山難故事。美麗的山林底下，這些故事就像雲霧繚繞在上面，虛無飄緲、捉摸不定。

本來以為這些故事都與我無關，誰知道有一天我就突然跟祂相遇，而且還是最慘的那一種。

當巡山員就是這樣，轉角遇到鬼的機會可能比轉角遇到愛來得更多。

每一個巡山員都有特定的巡視路線，這業務好比警察的巡邏一樣，一個禮拜大約有三到四天去簽卡、巡邏。

那天，我一如往常地早上從工作站出發，騎著野狼，沿路往下巡視。我先到自己的轄區檢查，並例行性的簽卡。

但那天可能是我早上咖啡灌得比較急、比較快，所以對廁所的需求也很急，情急之下就躲起來方便了。但尿完的那一剎那，我就覺得好像怪怪的。本來以為是我想太多，但下山後，晚上睡覺時就不是這樣了。

鬼壓床

人生第一次又最深刻的鬼壓床，我想不出其他的，應該就數這次了。前面什麼劇情我全部忘記了，但最後一刻，一直到現在，我仍然記得。

當時，我的夢裡闖來了一位我們口中所形容的鬼怪。以前看到鬼怪的畫，或是電視影集裡的鬼，我都會覺得他們說的到底是真的，還是假的。那天夢裡是一身全身灰白色的女生（？），頭髮異常的長，將正面臉部完全遮住，然後突然直接掐住我的脖子，惡狠狠地對我說：「我絕對不會放過你（台語）！」她一直掐，我幾乎快要窒息。

下一秒，現實的我想要動，但卻又動彈不得，臨時想到長輩口耳相傳說如果被壓床，記得要大罵三字經，把祂嚇走，於是不知道哪裡擠出來的一絲力氣，我把畢生所知道的各種骯髒詞彙通通罵了一遍，結果我全身在床上大力晃動了一下，瞬間從另一個世界回到了現實。

巡山員的最大忌諱

我張開眼睛，那時是凌晨四點。我全身冒冷汗，帶著一絲不安，我起床上廁所，但心底到底哪裡不安，我也不知道，只覺得好像會出車禍的感覺。等到早上天亮，我就騎著野狼上山去了。

我還記得那天我是留守，所以八點前，我必須要到工作站。當差不多七點半左右，我一踏進工作站，就發現巡山員的第二性命竟然不見了!!!——也就是我的無線電不見了！這真的是我們這份職業的最大忌諱，也是我的職場生涯裡犯過最糟糕的一件事。

從入行以來，前輩就不斷耳提面命：「無線電不能掉，弄丟很麻煩！」因為它擁有全台灣林務局的頻道，如果被山老鼠撿到，拿去竊聽，會很嚴重。

另外，因為以前類比無線電要燒錄頻道，很麻煩。不像手機弄丟，報遺失、停止號碼就好。而是要把全台灣巡山員的無線電回收，再重新掃描。那筆費用如果由弄丟的巡山員去付，其實相當可觀，所以也演變成一個很離譜的現象就是，巡山員如果不是不帶無線電出門，就是寧可把無線電放在背包深處，等需要用到的時候，再拿出來就好。

那麼，什麼時候需要用到？也就是要「定時回報」時，才會把無線電拿出來。

當時，我為了可以隨時呼叫，因此把無線電放在容易取出的地方，也就是我將無線電掛在背包的 MOLLE 織帶（軍用擴充織帶），以備不時之需。

沒想到，平常掛在背包側邊都沒事，就只有那一天，無線電偏偏不見了！

我回到辦公室，翻遍所有的抽屜，以確認前幾天是有將無線電帶下山的，上山時也確實有背在身上，接著我從剛剛騎上來的山路，再一路騎下山。

為了找到無線電，我調閱攝影機，但詢問派出後所得到的影像，只有在入山不久時，我的無線電已經呈現歪斜，而十五公里以後，無線電就人間蒸發了！

我用了各種方式，還請廠商在施工時幫忙留意路邊或水溝涵洞裡，是否有我掉落的無線電，結果找了兩個禮拜，還是尋不著無線電的下落。

不幸中的大幸是，因為當時剛好面臨類比機轉換成數位機，而數位機就比照手機，直接把該話機停止就好，不用再把所有巡山員的無線電調回來。

但也因為是新買來的關係，所以賠償的金額幾乎就是一支全新的無線電，我還記得是三萬七千塊，這超過我一個月的薪水，就全部都給國家了。

「你被跟很多喔……」

那時候的我，有好一陣子都把無線電好好地保護在包包裡。我想我再也不想那麼熱血，一看到有什麼緊急狀況就隨時呼叫，而是想看緊我的錢包比較重要。國家沒有添購好的無線電綁帶，我就不要多花心思在上面了。拿多少錢，做多少事，拿多少裝備，我就發揮到那個限度就好，因為遺失的東西，國家不會幫你忙，弄丟了，就是你的責任，無論你弄丟的理由是什麼。

除了無線電弄丟以外，還發生吃個牛肉麵，補牙的材料竟然掉落；開公務車，轉角遇到三寶（逼車、違停、轉彎不打方向燈）；騎摩托車，野狗衝出來撞你；輪胎換好沒多久，莫名被刺破……

因為總總的衰事，好友看不下去，於是帶我去廟裡。本來廟方已經要關門了，但聽到我說要來問看看收驚事，廟方人員上下打量我一下，就說：「你被跟很多喔……我稍微幫你處理一下，不過你後面有個很難處理的對象，祂似乎沒打算放過你。」

我聽到後，臉色頓時暗了下來。原來那天早上的夢不是單純的夢而已，祂真的沒打算放過我。

接著，黑旗在我頭上、身邊咻咻咻地劃過。法師口中呢喃，之後就說：「聖祖會去幫忙，你就再去附近的土地公廟道歉就可以了。對了，你到底做了什麼事？」

我：「內急隨地小便……」

從此之後，只要在荒郊野外上廁所，我都會先雙手合十，抱持著虔誠的心靈，詢問好一番以後，才在大自然解放。至於祂們同不同意，可能要擲筊才能知道了。

山林間廟宇的信仰一直都存在，只是跟神明問安，或到廟裡祈求平安，這些在山上都不容易做到，於是地方都會建立在地的土地公，祈求每天的任務都能順利達成，人員平安下班。

畢竟林業環境就跟礦工一樣，都是高風險行業，何時出事，你不會知道，所以小廟的信仰就與林業人有著很強烈的關聯。包括每次出勤務前，前輩都會到廟裡求神明保佑。出發時，也會燒過路費，祭拜各路鬼神。每年上山時，還有開山團拜，保佑我們單位的人員平安、順利，不過諷刺的是，山老鼠也都會求神拜佛，希望神靈不要對他們報復。

神明救了董哥一命

以前就聽大前輩董哥說過一個故事。有一年，他搭直升機前往場勘，但那時候的直升機非常不穩定，也還沒有黑鷹問世。他坐著小海豚直升機前往高海拔地區。

董哥是個經過伐木時期的大人物，他見證過林業時期的興盛與衰退，他還是當年專門做原木檢尺的人員。

他說那年他搭直升機時，他還記得當時是直升機要下降，但不知道是氣旋太亂，還是尾翼碰到樹枝，直升機劇烈搖晃。他第一時間的想法是，「這次真的要完蛋了，去了了（台語）。」

於是，他開始在機艙內不斷禱告，希望不要那麼快結束人生。不知道是禱告有效，還是駕駛員技術太好，董哥平安降落了，也一直平安地待到退休。

其間歷經了九二一大地震、七二水災，台灣各地的林道斷壁殘垣。董哥想對神明表達的感謝，一直在他心裡，但苦無機會。

而233林道也淹沒在歷史洪流裡，一直到我們的到來，新的任務重啟之後，董哥對我說：「阿步，可以麻煩你們，如果有機會到233裡面時，能幫我找找那間土地公廟嗎？」

董哥說：「你到那裡，過幾個彎，會看到一台推土機，然後你再往那台推土機前進，再走幾公尺，你會在旁邊看到一間土地公廟。」

完全沒有任何的GPS點位，董哥用他的經驗，希望我們把他沒說出口的感謝，對神明說一遍。

除了要完成樣區的調查，這一次，肩膀上還託付著董哥的寄託，我突然覺得，壓力好大啊。

我們一行人搭乘直升機來到曾經廢棄的林

道，見證了以前的工寮、集材柱，以及灶咖、鍋爐、宿舍，還有每條林道都有的傳奇性檔車，這裡當然也是少不了。

我還記得當時第一天按照董哥所指示的方向去找，但一直沒找到。我跟隊友說：「沒關係，我們先以任務為主。等調查完了，我一個人再去尋找土地公。」

在任務完美達成以後，美中不足的仍然是董哥心心念念的土地公廟，雖然他嘴巴上說：「盡力就好。」但我知道他其實很在乎。

將前輩當年的故事，說給沒有神像的神龕聽

於是在直升機回來的前一天，我再次出發去看看。我將砍刀和供品全部帶在身上，就往前輩所說的路走過去。地點其實不遠，大約五、六百公尺的距離，但因為太久沒有人進來，甚至可能一直都沒什麼人來，芒草長得比人還高。

當時我走到董哥所說的地方時，需要不斷地用手將身旁的芒草劃開，甚至為了能看得更遠，我還必須使盡吃奶的力氣將芒草推倒。

隨著時間一直流逝，天色漸漸變晚，我的心裡也愈來愈沉，難道這一場任務就要在這裡劃下

句號了嗎？我試著站上較高的石頭，眼光不斷向附近掃射，希望能看到更多可能的蛛絲馬跡。

突然間，我看見怎麼好像有個紅紅的？是廟宇本體嗎？我趕快從石頭上跳下來，往反方向走，突然之間，就被我看見董哥所一直記掛在心上的土地公廟了！

但怎麼會在那裡?!不是面對林道，而是背對林道，面對懸崖！難怪我一直找不到。但是不是當時地震，造成林相改變，還是本來土地公廟就是蓋在那裡？但這也已經無從可考。

我迅速跑到神龕前，但裡面的土地公卻不見了，不知道是否曾經有人前來將土地公取走，還是發生什麼其他的事呢？這些謎團，我想就留給時間的洪流吧。我現在要做的，就是把背包裡的八寶粥拿出來，再端正地供奉在神龕前，然後快速並且帶有感情地將前輩當年的故事，說給沒有神像的神龕聽。

我開始說：「有一位曾經差點墜機的男人，因為您的保佑，我們也才有緣相聚於此，因此特地前來感恩。」

聽起來是不是感覺很傻？但那個屬於傻人的故事，讓我在神龕面前說著說著就哭了起來。

緣分是如此的神奇，而神靈在我們心裡，具有威嚇且撫慰人心的力量。

賓拉登的一根菸

每當遇上未知的困難……

當要動身離開時，我問爺爺：「後面是不是有什麼難關要過？」爺爺看了看我，笑了一下，說：「小孩，你看出來啦？」

在山裡走跳，往往都會認識一些原住民，但大雪山的環境比較獨特，原住民同仁寥寥無幾，從我在山上的時候，就只有一位原住民，我們都叫他賓拉登，因為他總是留著一撮濃密又茂盛的落腮鬍。

其實，我從進來報到的時候，就從同事嘴裡一直聽到這號人物。同事們說，在野外，只要跟著賓拉登就對了，他會教你很多很多。

這位賓拉登，我們都尊稱他「賓爺爺」。有一次，我們在火光前喝得醉醺醺時，賓爺爺說：

「阿步，我幫你取一個泰雅族的名字，好不好？」

我說：「當然好啊，那你想叫我什麼？」

「哪尬，就叫你哪尬好了。意思是天真的、為人正直！」

但後來經過查證～聽說那是呆呆笨笨的意思。好吧，剛進來，的確也呆呆的啦。

反正酒桌上的話，沒有一句可以當真，但這也是原住民可愛的地方。

頑皮的賓拉登爺爺

每次去出勤務，我都會先幫賓爺爺把菸、酒、檳榔準備好，因為他是我們的 MAMA（泰雅族語，「耆老」的意思），也是我們隊伍的嚮導。

勤務裡只要有賓爺爺都會特別愉快。當出勤務而走到很累時，他老人家都不知道從哪裡生出來的笑話，瞬間就讓我的疲累感一掃而空。休息的時候，賓爺爺也會開始唱歌，歌詞簡單扼要，但就是歪歌。有時候請他唱點部落的傳統歌謠，賓爺爺反而還不想唱，真的是一位任性的老人家。

跟著原住民久了，有些單字也會愈來愈熟悉，例如飛鼠叫 Yabi、山羊叫 Mit、山羌叫做 Bara、鹽巴叫做 timuʼ。這是一些他們在生活裡常說的單字，久而久之，我們也跟著這樣稱呼。

「小孩，你聽，那麼高亢的尖銳聲音，啾~~~的聲音，Yabi來啦！Yabi最好奇，只要有火煙，牠就會圍過來看。

「小孩，你看，這裡的大便比較大坨，而且是溼的，因為山羊剛剛在這邊，我們放低聲音。牠喜歡有水源的地方，只要有溪水，晚上就容易看到山羊。」

爺爺總是習慣用「小孩」稱呼我，我也習慣用「爺爺」去稱呼那位我最敬愛的賓拉登。跟著爺爺出門，總是有說不完的歡樂。賓爺爺也喜歡教我們一些原住民的生活習慣，不過真偽總是要再三查證。賓爺爺因為太頑皮，有時我會覺得他像孫悟空，讓人捉摸不定。

每次去野外執勤，只要是跟著賓拉登，總是讓人最安心。

去路完全被阻斷

我記得有一次勤務，那時候是走在溪谷底下，陰雨連綿不絕，為了盡早把我們的樣區做完，隊伍還兵分二路。那時候，我是跟著爺爺去最遠的樣區，當然路也不怎麼好走。我們的隊伍有三個人，我看著手上的GPS，發現我們離目的地愈來愈近了，但因為樣區複查是五年一次，這五年可能有地震、風災，導致河床改變或是道路斷掉，當我們離目的地愈接近時，那種興奮以及不確定感會加速腎上腺素的運作，一心希望趕快把事情做完，脫離這裡人煙罕至的地形。但墨菲定律往往都是搶先你一步，你預想的往往跟現實不一樣。

「達啦蓋～～～」（泰雅族表示驚訝或是難以言喻時的發語詞，有點類似哇咧、靠夭之類的意思）」爺爺跟我同時發聲。因為我們已到了目的地的下方，但眼前看到的卻是一道極為壯闊的瀑布，瀑布完全阻斷了我們的去路。

瀑布的兩旁是溼滑的苔蘚地形，即便我們穿了溯溪鞋，也很難立足於青苔之上。我與同伴們一下子坐著思考，一下子又站起來看看，是否有其他路線可以通行。

正當我們一籌莫展時，賓爺爺拿出一根菸，他默默地抽起菸來。

我們淋著雨，看著眼前的瀑布，我們一邊生火取暖，一邊思考要如何解決。火光映在爺爺充滿滄桑的肌膚上，他從滿口的鬍子中，吐出一縷煙絲，不過他就只抽了一口，隨即把香菸壓在石頭下，嘴巴還念念有詞。

期許泰雅的祖靈保佑我們順利

我已經跟賓爺爺出過許多趟勤務，所以我心裡大概也知道發生了什麼事。

當要動身離開時，我問爺爺：「再來後面是不是有什麼難關要過？」

爺爺看了看我，笑了一下，說：「小孩，你看出來啦？」

廢話，我跟爺爺那麼多趟，每次看到爺爺這舉動，我就剉咧等了。只要遇上未知的困難，爺爺總會默默地點上一根菸，再把菸壓在石頭底下。爺爺希望泰雅的祖靈能保佑我們未知的行程順利、平安，接著，他會若無其事地喊：「好啦，後面的路途很容易啦，該出發囉。」

不過，我們所面對的那一段瀑布，我們找了半天，仍然沒有任何一條路可以上去。可能祖靈抽了一口爺爺的菸，也許覺得口味還不錯，所以就讓我們在這裡打住。確實強行通過實在太危險，所以後來帶隊官也說此次我們先放棄，等下一次準備周全時，我們再來吧。

但不得不說，爺爺在抽那一根菸的時間裡，總是讓我的情緒上上下下。

森林巨大長老

台灣第一大神木，大雪山大安溪神木

每次的勤務只要有懸崖地形，我都抱著九死一生的心情。

記得剛來站上報到沒幾個月的時候，就聽學長們說：「在大雪山這個地方，有著全台灣第一大神木。你們有機會調查時，可以順便去看看。」我非常興奮，很希望有朝一日可以跟前輩一起參與這趟勤務。

日子一天一天地過去，不知不覺，我在工作站算是會背、會走的人，但大神木的勤務，卻遲遲沒有下文，就連距離神木最靠近的一次停機坪的整理勤務，我還是與大神木緣慳一面，也就是上回提到幫前輩尋找土地公爺爺那一次。

我們其實當時有試著去找神木，但因為斷掉的林道實在過多，而每過一次崩壁，不誇張，真的是九死一生。我們一直走到最後真的沒有路，才撤退。

等到回來看軌跡與比較地圖時，才發現我們距離神木，只差了一公里的距離就能碰見，但可能山神覺得我們的緣分未到，所以祂只讓我找到土地公，勤務就結束了。

森林巨大長老

自告奮勇的任務

有一天，長官突然來跟我說，他聽處長（現今的分署長）在問，我這裡有沒有拍過那棵台灣第一大神木——大安溪神木的照片？

我說：「我沒去看過，怎麼可能會有照片？」

其實，起因是這樣的，因為我們工作站的很多地方都掛著某一張大安溪神木的照片，但拍攝者無法賣給我們。不過，明明是生長在我們轄區的樹木，為何我們自己卻沒有照片呢？

於是就用某一次的調查，順便要我們去把大神木給拍回來，也瞭解祂的狀況是否安好。這算是給社會大眾一個交代，畢竟在九二一過後，鮮少人有機會去看祂。以前那是開車就能抵達的地方，現在少說也要走個五天四夜的長天數縱走，才有機會一睹容顏。

一知道有機會拍大神木，我雀躍到用不敢置信的神情看著長官，說：「拜託請派我去……」

面對台灣第一大神木，就像是《魔戒》裡的哈比人碰上樹精一樣，我們是那麼的嬌小及脆弱，而神木卻是如此的壯闊卻又低調、沉穩。

我整理好各種攝影器材，電池及鏡頭也一一清點，希望不要因為少帶一顆鏡頭而讓畫面有所遺憾。

此趟任務對我來講就是將大神木的樣貌拍攝出來。雖然大神木早已經與世隔絕，但在網路上，還是查得到一些蛛絲馬跡。

整趟的路程大概是在三十一公里的崩塌處比較有危險以外，其他路段都算是安全無虞。

於是我在背包裡多放了一些繩子，希望此次勤務出門也能平安回來。

我最大的罩門

我在背包裡塞了公糧、公裝（公共裝備，指大家一起使用的調查道具，因為太重，所以讓巡山員們平均分攤重量，例如鍋具、鐵牌、尼龍繩索、鐵鎚、鐵釘及噴漆等）、帳篷、繩索，以及相機後，重量差不多是落在二十六至二十八公斤之間。在林道上，每走一步都要小心翼翼，尤其是在通過懸崖崩壁時，但不得不說，這真的是我最大的罩門啊！

當大家說某些登山路線有多危險時，其實只要走過我們勤務的路線後，就知道很多山友說危險的路徑對我們來說，則是非常安全。因為最起碼有人走，那就多了幾分安全。

我們很多的勤務多半都是無人到訪的地方，路斷了，也不可能有工程單位進駐維修，所以每次的勤務只要有懸崖地形，我都會抱著九死一生的心情。

當然，大神木這條路，也不例外。

勤務的第二天，我們準備要過崩壁路段。網路上的資訊本來就不多，再加上因為那裡的地形太過破碎，所以時常發生變化。可能一個禮拜前有人架繩經過，但一個禮拜後，綁繩子的地方會因為下雨或地震就流失了。至於還有沒有其他地方再架設繩索，沒有任何人知道。

步步驚魂

到了現場後，隊員先往前看看路況，發現有一條繩索留在崖邊隨風飄蕩，看似有一點老舊。於是我們在現場唯一的架繩點，是一根被插在砂石堆上的倒木，但也可能隨時會流走。

我們架設簡易的下降系統，每個人就這樣背著約莫三十公斤的大背包，踏在細碎的砂石路上。每走一步，都會聽到砂石唰啦唰啦的掉落，真的深怕自己一個不小心，步伐踩得太重，結果讓自己直接自由落體。還是不要想，繼續走就對了。

一直到看到腳下的溪水愈來愈近了，心裡的大石頭也才卸下，但也只卸下半顆，因為另外的半顆大石頭還放在回程。

當隊友一個一個平安通過，我們終於要前往這一次最重要的目的地——大安溪大神木，也是台灣第一大的神木，更是我在工作站最想參與的勤務。

往前再多走了幾公里，發現有前人已經做好指標，告訴後面的人要往哪個方向。

一路順著指標往下走，摻合在泥土裡的苔蘚香氣，提醒我這裡溼氣很重。溼氣很重，代表咬人貓很多。下滑時，想抓住任何植物都要切記，不要抓到咬人貓，不然見到大神木後，可能有半小時都在抓癢！

神木如同佛羅倫斯的聖母百花大教堂般雄偉

不知道等待了多少光陰，大安溪大神木終於等到我們這群陌生人的到來。

在大神木的腳下，看著那道樹牆，彷彿看著佛羅倫斯的聖母百花大教堂一樣雄偉。光影隨著樹梢的間隙，畫出了五線譜；落葉飄然，點綴出了殿堂的音符。

看著園區內的告示牌，講解著大安溪神木的歷史背景。以前的前輩都說，這棵神木當年開車就可以到了，所以每次遊客都是絡繹不絕。但現在告示牌都已歪斜，圍籬也都年久失修，不知道神木的心裡怎麼想，是人們遺忘了祂？還是祂寧願選擇這樣平靜地生活呢？

我拿起相機，開始捕捉大神木的身影，雖然祂不像撞到月亮的樹那樣高聳，但祂的樹幹，卻是目前我看過的神木裡最寬闊的。

我拍了幾百張，但一直都不滿意。礙於場地的限制，我一直很難把神木給完美拍下，或是我所拍出的人與樹木的比例，一直沒有讓我有種嘆為觀止的感覺。但既然來了，總是不能後悔，我就把事情盡可能做到盡善盡美。

任務結束時，我還記得當時的帶隊官一個不小心，在某個崩塌點施力過猛，他踩崩了踏點，整個人滑了下去，手還不慎拉傷。

回程時，下起毛毛細雨，過崩塌地的時候，確實讓我們都捏了一把冷汗，不過好在大家最後平安回到工作站，也宣告此次的任務圓滿結束。

後來我在各種演講場合，講義裡的第一張，總是用大安溪神木當作我的開場內容，而處長所要的那張照片，現在仍然靜靜地掛在辦公室裡的某個角落，證明我們曾經到訪過。

輯三

巡山員的內心話

從開放山林到走入山林，我們準備好了嗎？（一）

登山的人，連最基本的「距離」、「海拔」、「衣著」、「氣溫」、「裝備」這樣的常識，都常被遺忘在溫暖的家裡

記得二〇一九年十月左右，政府頒布一道「向山與向海致敬」的政策，蘇貞昌院長希望透過「向山致敬」這項活動，除了國安及生態保育區以外，以全面開放為原則，並從「開放」、「透明」、「服務」、「教育」和「責任」五大政策主軸，全面提升我國的登山、運動環境。

五項管理原則分別如下：

開放：開放山林、簡化管理。

透明：資訊透明、簡化申請。
服務：服務設施、便民取向。
教育：登山教育、落實普及。
責任：責任分擔、觀念傳播。
政府很多時候都像是口號宣導大隊，每次都用短又好記的標語，或強而有力的斷句，最好還帶有押韻，因為朗朗上口，更能加深民眾印象。政府也希望相關單位不要再有戒嚴時期的思維，因為島嶼的山脈與海洋都應該屬於人民共擁、共管。
這五點，其實我真的都很贊同，也覺得台灣是擁有大山、大海的國家，海島居民更具有冒險精神以及求知欲望，就如同《進擊的巨人》主角艾連，有天希望能見到牆外世界的海洋，探索未知的世界。

我們真的認識腳下所站的這塊島嶼——台灣嗎？

冒險與善用島山資源本來就是島嶼居民的特性。但，我們真的認識我們腳下所站的這塊島嶼——台灣嗎？

台灣擁有豐富的海洋資源，也蘊藏寬廣的檜木森林。在十六世紀，當葡萄牙人航海時發現台灣，他們說出：「Ilha formosa!」（美麗之島），台灣因而得名。台灣的西方與西北方臨台灣海峽，南邊則有巴士海峽，北面則接東海。最大的平原是嘉南平原，最高峰是玉山，玉山海拔三千九百五十二公尺，這些都是我們過去曾經從地理以及歷史課本所得到的知識，然後呢？沒了，取而代之的是中國地理以及歷史。

國中花了兩年的時間學習中國知識，但大部分書上學到的地方卻都沒踏上去過。對於地理和歷史，我曾經產生懷疑，四川到底在台灣的哪裡？江西是台灣的哪個城市？為什麼我都沒去過？我身邊也沒來自那裡的朋友？

是的，我就是在這樣的求學背景下，認識腳下的這塊土地。我對台灣兩個字深感陌生，對於台灣的天然環境擁有哪些，我甚至是一竅不通。

台灣的教育一直以來都是

升學導向，很多戶外活動要不是父母有興趣，一般的小朋友或是青少年很難有機會親近大山與大海，登山可能都比登天還難。例如我前文提到，當年還在念高中的我，一不小心就跟親戚一起去爬鳶嘴山。我的服裝不對，觀念也不對。幸運的話，就像現在可以喝著酒、寫著文章；萬一不幸，我可能就成為了山裡的塵埃。

我們對待大自然的心態及做法，正確嗎？

現在的開放山林，我們真的準備好了嗎？

從國小到大學，如果不常接觸戶外活動，其實對自然的觀念會非常薄弱。如果孩子學會認識了幾種花草、昆蟲，父母其實更希望的是你飽讀四書、五經。如果跟大家說你爬了多少座百岳，不如跟親戚說你今天國英數考了幾分。自然而然地，自然教育與生命教育也從來就不是我們教育的重點。

一路從升學體制爬上來的我們，到底犧牲了多少東西？從生活倫理、公民教育、自然課程、美術、音樂與體育，這些有關戶外技能的學科通通變成了國英數底下的犧牲品。

在書本裡得到的戶外知識，可能就在國中時期停滯不前。例如以為看到黑熊要爬樹，然後不會爬樹就裝死。在高山如果迷路，記得下切溪谷找水源，就一定會找到有人住的地方。但，這些其實都是錯誤的。

隨著迪卡儂的進來，台灣不但吹起一股露營風，走向戶外也更方便、更便宜。大家趨之若鶩地購買裝備，從迪卡儂有的帳篷、睡袋、睡墊、背包，到迪卡儂沒有的暖爐、焚火台、手斧、串燈。開車騎車、上山下海找營地，每每打開臉書，就會發現認識的或是不認識的人寫下：「今天又是第幾露了！」「我今天買了什麼裝備。」

要是再更Man一點的呢？就是另外一股野營炫風。一堆屬於男人味的拍照小物，手斧、大塊牛排、啤酒、鑄鐵鍋……之類的裝備，擺設在溪床河邊拍照。

當然露營沒有不好，喜歡野營也沒有錯，但平常不走入大自然的我們，一時之間突然都往戶外跑了，我們的觀念還有心態都建立完成了嗎？戶外常識、知識補足了嗎？如果沒有的話，我們憑什麼走入山林？

LNT無痕山林的七大準則

LNT（Leave No Trace）無痕山林是什麼？又是一個什麼樣的概念？當我們走入山林，如何降低人與自然的衝突？對於我今天要去爬的山，我認識了多少？海拔每上升幾公尺，溫度會下降幾度？萬一失溫，要用火，你真的知道如何把火源生起來嗎？

如果我們對於自然沒有一點危機意識，就貿然地走進森林裡，那麼我們就像是個全身赤裸的人走在都市叢林裡一樣。舉例來說，我們在小學時都有學過山上的氣溫比山下低，海拔每上升一百公尺，氣溫會下降零點六度。但真的要走入山林時，誰還會想去計算這些數字呢？甚至很多人都忘記高山的氣溫比平地還低。前幾年也發生許多年輕人騎車去合歡山，但衣物不夠，因此向員警求救的案例。

我也碰過很多喜歡走捷徑的山友，我都會跟他們說不要走捷徑。態度好一點的山友，會覺得不好意思、道歉，但態度不好的山友就會口出惡言，反駁：「我只是走一下下啊～沒有關係，好嗎！這些不是都是路嗎？」

LNT無痕山林，總共有七大準則。是哪七大呢？

一、事前的規劃與準備。
二、在可承受的地點行走與宿營。
三、適當處理垃圾，維護環境。
四、保持環境原有的風貌。
五、減低用火對環境的衝擊。
六、尊重野生動物與植物。
七、考量其他的使用者。

走「捷徑」會產生許多問題

上述提到愛走捷徑的山友，其實就不知不覺違反了無痕山林準則的第二點。不過，走捷徑究竟會衍生出何種問題呢？除了多出一條更快的路以外，所伴隨而來的危機，我們有發現嗎？

其實，每當生物走過任何一片樹林的時候都會留下痕跡，人類也不例外。當這裡被走久了以後，植物就會開始無法生長，

漸漸形成一條明顯的「路跡」，也就是大家說的捷徑。

但這條捷徑本身就是截彎取直的產物，然後因為被人踩踏，所以不可能會有植被覆蓋。如果走的人更多，那就容易變成只有砂土與岩石的地方，漸漸地沙漠化。

每當大雨一來，就會帶來一次小型的土石流。沖刷久了，崩塌就會愈來愈嚴重。還有很多人為了尋求刺激，或是與眾不同的感覺，喜歡走跟別人不一樣的路線，導致走出太多條的路線，結果不明白狀況的人上山時，無法判斷哪條路線，導致迷路。

這些都是蝴蝶效應。起初細微的感覺，我們察覺不到，但等到發現的時候，往往為時已晚，而接著政府要制止民眾不去做的時候，反而政府變成弱勢團體。

例如鳶嘴山二十九公里的登山路線，曾經被我們一度把畫在擋土牆青苔上斗大的「二十九公里」字跡塗掉，但沒多久，有白目的遊客又把字跡給畫了回去，昭告著天下，這裡就是另一個登山口。

於是，每當颱風來的時候，我們還要去想這是不是我們國家設立的登山口。如果不是，颱風天沒有封鎖，那麼去走的人若出了事情，這場意外，該算是誰應該負責的呢？

開放山林後，山難數不勝數

從開放山林、走入山林，這四、五年的時間，我們準備好了嗎？還記得一開始開放山林的時候，許多山難數不勝數，幾乎三天、兩天就聽到誰在哪裡出了意外。尤其是我們轄區內的谷關七雄，一天傳出兩到三起登山意外，都不令人意外。

如果前面說好的五大原則，大家都有確實做到的話，那麼到底為什麼還會發生那麼多起山難事故呢？簡單來說，就是前面三點，開放、透明、服務是由我們公部門來做，這是完全沒有問題的，但在第四點與第五點的教育以及責任，試問，我們自己做到了多少？

自從二〇一九年開放山林政策，本來山域事故在二〇一九年，平均是一百五十九件，但到二〇二〇年卻飆升至四百五十四件，二〇二一年也有三百九十八件。

這三年的統計數據基本上都是倍數跳躍（其餘的年分，網站搜尋不到）。這幾年來，到底發生了什麼事情，導致搜救人員以及我們疲於奔命？除了搜救外，還有森林火災的發生。

但開放山林不是等於大家都做好準備了嗎？如果沒有，為何又急著開放呢？

爬山並不等於去公園走走

登山教育、落實普及，責任分擔、觀念傳播。一直很想問，當開放的這幾年，政府對於山林的教育以及登山教育有確實做到普及了嗎？許多人連無痕山林的觀念都還講不出來。

再來因為網路傳播快速，臉書分享、ＩＧ打卡成為一種炫耀風氣，你有去，我也想要去；你可以，我也一定可以；你當網美，我也一定能當成網美。殊不知，一個不小心變成了往美（往生美人）。

很多人爬山都覺得只是像去公園走走一樣，穿一雙布鞋，或是直接穿拖鞋，走個兩三小時就可到達山頭；或認為就跟爬合歡山一樣，帶個小背包，還能輕鬆自在地邊走路，邊吃點心，好不愜意。

因為我所在的分署有幾座山特別有名，例如大雪山轄區的鳶嘴山，以及位於谷關地區的谷關七雄，這在許多登山人的眼裡都是知名路線，但大家都只聽過山的名氣，實際上去找尋資料的人不多，所以連最基本的「距離」、「海拔」、「衣著」、「氣溫」、「裝備」這樣的常識，都被遺忘在溫暖的家裡。

搜救登山客，一直以來也是我們巡山員在做的業務。在山上的這幾年時間，不知為何，只要是我假日巡視，都很容易發生山難搜救事件。每次假日巡視回來，看著留守人員蹺腳吃飯，通知我等等要去山上找人的時候，我有時心裡真的有苦難言啊。

大雪山附近的山，通常會需要搜救的大部分都是路線太多（無痕山林第二點），或是登山客自己在樹上釘的路標、路牌錯誤，或是脫落導致方向錯亂（無痕山林第四點），然後愈走愈深、愈走愈遠，等到回過頭時發現已經迷路，卻也已走不回來了。

這些其實還都是小問題，不過接下來要來說的是基本問題，但也是最多人犯的錯誤——將自己的生命掌握在別人手上。

生命自己掌握

處處危機的網路自組團（二）

至今在山上所遇過的山難，多數是輕忽爬山這項運動——裝備不足、誤信標示不清的捷徑、沒準備離線地圖，還有最有問題的——網路自組團。

或許是一切來得太快，在大家都還沒有準備周全就踏上這片陌生的環境，再加上網路傳播快速，很多人就開始當起伸手牌，而不去認真做功課，好像網路上得到的知識都是正確的。現在這年代的網路真的是一把兩面刃，很多事情可以方便解決，但便利的同時，有人有想到背後的問題嗎？

在網路上問東西是否好用，能立刻得到答案。問時間、天數，很多高手也回答得輕鬆自在，就連找隊友、分擔車資，網路也能快速地找到對象，甚至我都覺得這比各種交友軟體找對象還來得迅速。

但在這便利、快速的同時，大家忽略了什麼？當然是最根本的「安全」。

爬山如果沒有安全回家，我們做了再多的第一名，最後也都沒有用，所以之前在出各種勤務的同時，前輩都會說：「爬山沒有第一。只要安全回到家，都是第一名。」

大喊搜救對象的名字

我曾經在某個假日巡視，那是風和日麗的好天氣，讓人騎車都會笑。我跟每個遊客宣導入園須知都氣氛祥和，忍不住要對天大

喊：「老天爺，你看看，今天終於一帆風順。天氣好，精神好，民眾各個學習情緒高！我出運啦！」

但一回到工作站，準備休息、煮晚餐的時候，工作站的電話頓時響起。我內心的小劇場開始上演，應該是打錯電話吧？可能是主任打來關心同仁有沒有吃晚餐吧？派出所所長要找我去那邊用餐吧？

但事情偏偏就是跟自己想的一樣——搜救。都已經幾點了？晚上六點！六點啊！我剛煮完飯，準備好好享用時，電話就打來了！我放下手中的碗筷，跑回房間，整理搜救物品，準備出發去救人。

一到了搜救現場，消防與員警已經抵達。稍微詢問失蹤人員的特徵以後，我就隨山搜人員一同前往救援。

夜晚的森林萬籟俱寂，唯一打破這片沉默的，就是我們大喊搜救對象的名字：「喂，XX，有聽到嗎？」但仔細聆聽了一段時間後，就又回到我所認識的沉默之森。

拜託，發出一點聲音都好。我的內心這樣想著，但傳回來的都是我們空虛的回音。

當搜救這條任務開啟的時候，每個人都變得異常的神經質。平常沒在看推理漫畫的我，那時候也要開始推敲一番——

這條路徑不是獸徑，應該是人走過的。

這裡的樹枝有被砍過，還是被折過，應該是有人走來這裡。

這裡的地勢太陡，你確定被搜救者會走過來嗎？該不會失足、滑落下去了吧？

正當大夥人馬開始研議是不是要用垂降方式下降到懸崖邊，去尋找失蹤對象的時候，有人又不甘示弱地大喊對方名字，此刻，寧靜的空氣突然傳來一絲絲微弱的聲音……「喂～～～在這邊～～～」那聲音微弱到如果隊友突然放了一個響屁，我想我們就會跟那聲音徹底錯過了。

找到人了!!不需要垂降了!!此時的我們，發狂似地用盡各種聲音不斷呼喚對方的名字，希望僅存的一點線索不要斷去。

救援對象平安，比什麼都重要

等我們終於尋找到搜救對象，那是一名約五六十歲的中年人。

我們問他：「有沒有聽到我們的喊叫？」

他說：「有！」

「那怎麼沒回應我們？」

救援對象有氣無力地說：「手機沒電，然後又不小心睡著了。等到醒來的時候，好像有聽到有人在叫我的名字，才又爬起來。」

聽完以後，我們不知道是要哭，還是要笑。發生意外當下還能睡著，到底是心臟很大顆，還是很傻？實在不知道，但搜救人員心裡的石頭終於能放下了。

救援對象平安，比什麼都還要重要與寶貴。

平常在山上，偶爾也會發生山難救援。有時候，半個小時即可發現救援的對象，但有時候，尋找了半天，都還找不到。

印象最深刻的是有一次從晚上六點搜救到凌晨兩點，那時被搜救的對象在暗夜裡聽到我們的聲音，他揮舞著手上的爐頭，興高采烈地歡呼、迎接我們。不過，被搜救者比搜救者還要有精神，我也是第一次看到。

當然也有很多例外，執意來山中尋死的，無論再怎麼簡單和單純的路線，你就偏偏找不到他。還記得有次轄區有一位婦人騎車前往山上，監視畫面都拍到人與車，但之後呢？那位婦人至今還沒被找到，她好似就這樣神隱到山林裡。

婦人究竟去哪裡了呢？每次想起這件事，我都會在心中問自己這個問題。

網路揪人爬山，非常危險

撇除自殺不說，至今在山上所遇過的山難，很多都是輕忽了爬山這項運動——裝備不足、誤信標示不清的捷徑、沒準備離線地圖，還有最有問題的——網路自組團。

「請問X月X號，有人要一起爬玉山嗎？」「缺一、缺一，補齊後就不再開，機會難得。從七雄到白菇，夢幻路線，歡迎挑戰。然後需要一起分擔車資。」上面是時常在網路上看到的徵山友的訊息，不外乎就是分擔車資、分擔重量，但彼此都不認識，每個人的體能與能力在哪裡都不清楚，就傻傻地上了車。等到發現問題的時候，基本上都是被廣大網友轉發到靠北登山站或登山情報站之類的山類粉專，但那可能已經都來不及了。

為什麼網路揪人非常的危險呢？我們有時連自己認識的隊友，可能都無法完全掌握隊友的身體素質與狀況了，那麼更何況是不認識的人，而你又如何肯定你可以信賴對方呢？

所以其實每次網路揪團，後來聽到的都是A女被B男丟包，因為彼此不認識。或是C男發現D男的腳程太慢，然後因為不是朋友，只是「網路上揪團的」，所以我不用去照顧你，結果D男體力不支，然後遇到山難。最後這責任歸屬難以界定。

爬山環環相扣，一步錯，步步錯

為何前文提到不要把自己的生命掌握在別人手上？因為爬山其實都是環環相扣的，一步錯，步步錯。從一開始的找隊友，本來以為可以依靠，卻發現隊友可能比自己還需要被照顧，或隊友是個自私自利的人。

其次，對於環境完全不瞭解，以為爬玉山跟爬觀音山的等級是一樣的，所以沒有準備離線地圖，更不用說會不會看地圖了。

保暖衣物沒有帶，頭燈也沒有準備，結果一天的行程走不完。天黑以後，慌張亂走，手機的手電筒打開，既照不清楚路面，也消耗手機的電力，這又讓自己的風險攀升。

最後，網路找來的隊友對你說：「我跟你沒有關係。我們只是網路上相揪、分擔車資而已，根本互不認識。」

所以每一個環節都是緊緊相扣，要是能做好每一個準備，相信今天的命運就會大不同。

二〇一九年開放山林，二〇二〇年新冠疫情大爆發，民眾因為不能出國，所以全部都走向戶外，但因為山林教育還未在大家的心裡生根，於是救難人員疲於奔命，後來又逢大旱，我們對於用火及無痕山林的常識，付之闕如，於是又導致多場森林火災，也讓我們為了救援流汗流血、奔走四方。

如果真要尋找罪犯，不如說是每個民眾都太過依賴政府，出了事，都要政府負責承擔，於是本來政府的美意也變成惡意；從先進國家慢慢地被民眾批判，漸漸地變成先「禁」國家。開放山林是種美意，但沒有完善的教育以及配套就會形成惡意。人民從事山林以及戶外運動是美意，但不瞭解自身安全以及學習戶外知識，最後出事了，要政府負責或希望國賠就變成惡意。我們與政府都是懷著惡意以及善意的人。

海耶克曾說：「通往地獄的路，都是由善意鋪成的」。

因此，我將以前遇過的問題，以及我上山準備的經驗整理出來，希望大家出入山林時，做好準備，也能為自己負責。

十點爬山須知

一、開始規劃行程，確認好所有的路線資訊。包括車程時間、登山口位於哪裡、步道里程多少、路線上是否有水源、紮營點所在能搭多少帳篷、天數安排是否恰當。

二、行程規劃完成以後，準備裝備。頭燈、無線電、GPS、指北針、保暖衣物、離線地圖或是紙本地圖、行動水源以及行動糧食、小刀、打火機以及備用電池是否都備齊了。

三、出發前務必確認好天氣。除了手機ＡＰＰ的顯示外，別忘記去看中央氣象局的一週內天氣變化。如果近期有颱風登陸，謹慎評估行徑途中是否會遇到風雨。除了颱風前不要上山以外，風雨和地震後的一個禮拜也不要上山，因為有些泥土吸收雨水，再經過曝曬以後，地質會變得更容易坍方，所以很多根系不穩的大樹與地質都很容易在這時候倒塌。

曾經有一次颱風過後沒多久，遊客上山遊玩，明明是好天氣，卻不幸被突然倒下的大樹壓死。

四、遇到迷路時，千萬不要慌張，待在原地等待救援，千萬不要亂跑，這樣搜救人員不但容易找不到人，你也浪費僅存的體力。

更要記得，如果經驗不足，千萬不要下切溪溝、溪谷。因為台灣的地勢年輕，地形還在成長、變動，我們的溪流往往都是陡峭地形，當很專注地尋找水源時，常會演變成下不去河流，但也回不了原來地形的窘境，所以很多遺體被發現時，基本上都會在這種不上不下的地形。

必要的時候，記得要生火，這更容易讓搜救人員知道你所在的位置，並且可以保暖。

五、做好登山計畫，詳細地告知你今天要去爬哪一座山，路線是哪裡，幾號回家。務必設定好山下的「留守人」，這絕對不是緊急聯絡人那麼簡單，留守人必須要懂百岳行程，知道隊伍發生意外時，到底該如何聯絡搜救人員。爬的山是百岳，還是中級山？不要不小心讓自己走的山變成「終極山」而一去不復返。

六、網路興盛，在社群軟體號召爬山愈來愈多，但每個人的體能、狀況不一定，有什麼病情，我們也不知道，所以時常發生人員體能不足被丟包。一加一不見得會等於二，甚至有可能變成負數。很多人失蹤與死亡，很多時候也跟不認識的人組成自組團有很大的關係。

七、切記，千萬不要落單。海軍陸戰隊有句名言，「戰場上絕對不會拋棄自己的弟兄，無論環境多麼惡劣」。就跟爬山一樣，既然有緣在同一隊了，那就是我的夥伴與同袍。不要執著攻頂，如果隊伍裡有一名成員的身體出現狀況，記得隨時做好同進同出的打算。

八、千萬不要獨攀，除非你能承受更多的風險與意外，再來考慮是否獨攀。

九、記得學會好等高線判讀與地圖判讀，不要出門以後南北方向看顛倒，溪溝與稜線看顛倒，雪山跟大雪山覺得都一樣，這些都是不該犯下的錯誤。

十、帶著愉快、輕鬆並且尊重大自然的心情踏入這片森林，並記得，山永遠都在！今天沒成功，我們還有很多補考的機會。

山永遠都在！

用火與狩獵

減低用火對環境的衝擊，不是禁止民眾使用，而是教導民眾正確使用

不是不要用火就沒事，而是要知道如何正確地生火、正確地用火、正確地滅火。

在人類有文明的時候，狩獵與火是相輔相成的存在。如果不狩獵，人就會餓死；如果不生火，人就會冷死，這兩樣缺一不可，但在豐衣足食的年代裡，狩獵以及生火，似乎是可以不需要用到的技巧。要用火，打火機點一下，要煮飯，高山瓦斯爐開起來，就有火源可以使用。要吃肉就更方便了，隨時都有便利商店，要什麼有什麼，幹麼打獵？

在還沒當巡山員之前，我一直覺得在山林裡用火是很過分的一件事，另外也對原住民的狩獵文化感到很殘忍，心想他們為何不去買，為何要剝奪動物的生命？但當巡山員以後，很多看法

慢慢地會開始不一樣，或許也與單位的想法不同，但我覺得很多事情都應該被討論，而不是在大家都不瞭解的情形下，阻止大家去做。

沒有火，就沒有布農

在原住民的神話故事裡，幾乎都有火的神話故事。例如布農族的大洪水傳說，描寫在一個很久遠的年代，濁水溪的溪水被一條大蛇給盤據，溪水流不出去，造成了洪水氾濫。布農族族人與各種動物紛紛前往高山移動。

不過，雖然躲過了洪水，卻沒有人攜帶火種，於是癩蛤蟆跳出來對族人說，牠可以游泳，去玉山山頂把火種取回來。癩蛤蟆跋山涉水，好不容易去山頂上取得了火種，但在回程渡海時，火種卻不慎被洪水熄滅。癩蛤蟆非常懊惱，不過族人對癩蛤蟆說：「沒關係，你盡力了。」

後來，烏鴉說牠會飛，牠可以將火種直接運送過來。但是因為洪水造成的死傷數以百計，烏鴉被許多腐肉氣味給吸引，而忘記了族人交代的任務，開始吃起腐肉。

族人等半天，等不到火種。

在絕望之際，在布農族語叫做 Haipis 的鳥飛了過來，擁有一身漂亮羽毛的鳥兒說：「我能幫忙你們運送火種。」布農族人本來一籌莫展，聽到鳥兒這樣說，他們就請鳥兒幫忙運送火種。

Haipis 很快地飛到了山頂，取得火種。但因為火種非常燙，Haipis 在運送過程中，不慎被火種燙傷，導致美麗的羽毛被燒成焦黑，嘴巴與鳥爪也被燒得火紅（這就是後來我們看到的紅嘴黑鵯）。儘管如此，Haipis 仍將火種運送到布農族人的手裡。

布農族人為了對 Haipis 表示感激與尊敬，所以對族人設下禁止射殺紅嘴黑鵯的命令。因為沒有 Haipis，就沒有火，沒有火，就沒有布農。這是布農族關於火的傳說。

並不是禁止民眾在野外用火，就會沒事

用火一直以來都與人民的生活息息相關，甚至到了戶外，火也是會讓人安心的元素。在泰雅族裡還有一說，「有活人的地方，火就不會滅去。」火在泰雅族人的心中是一種神聖的象徵。

但我們一直很擔心民眾用火，原因是因為多數的人並不會用火，也不知道什麼是用火的安全，所以很容易造成森林火災。因此，單位往往禁止民眾用火。

但是當一律禁止用火時，卻也聽過有同事與一些不知變通的帶隊官出門，沒想到寒流來襲，冷得要死，長官卻仍堅持不准生火，所以讓一堆人趕緊進去帳篷避難，然後徹夜難眠。也聽說

有些其他站的同事因為過溪，導致全身溼透，整隊卻因為奉行長官指令，沒有人會生火，差點面臨失溫。

火在野外對我們就是如此的重要。

「不要做，就不會有人犯錯了！」我想這是現在對於用火最大的問題，因為生活太過方便，很多人都認為只要用瓦斯爐就可以解決了，為什麼堅持要生火、烤火？

站在機關立場，我必須說：「對，你說得沒錯，用瓦斯爐煮飯就好了。」但按照自己出勤務，常常需要面對生死的個人立場，我必須要說：「這只有對一半。不是不要用火就沒事，而是要知道如何正確地生火、正確地用火、正確地滅火。」

在「無痕山林運動」（Leave No Trace，簡稱ＬＮＴ）第五點裡也提到，減低用火對環境的衝擊，並不是禁止民眾使用，而是要教導民眾如何正確運用。

學會用火，你在野外才能有相對地安全

在台灣，有很多法規往往都會被民眾擴大解釋，當政府要人民不准做，就會被民眾擴大解釋，

導致很多人不能做，也不准其他人做。但等到真的發生意外，民眾必須要做時，卻不知道怎麼做了。

我並不是鼓勵大家去戶外一定要生火，而是想跟大家說，走出戶外本來就會有一定的風險，學會用火，你在野外才能有相對地安全。

我上面提到機關之所以禁止大家使用，第一個原因是因為大家不知道何謂保護區，或這附近有什麼稀有植物或地被，隨意用火有可能會破壞大自然景色與樣貌，但因為制定相關的規範過於複雜（土地管轄機關、保護區制定、是否為國家公園），那麼不如大家都不要做，就不會出事。

第二個原因，如同上面所說，很多人不會用火，萬一有些人只懂得生火、烤火，卻不知道滅火呢？或是他的生火觀念根本不正確，導致去砍更多木頭當柴火來燒呢？所以機關為了維護這片景觀，訂立了人民不准在某些地區使用明火或是就地引火。但在我看來，很多事情與其說不能做，不如教大家正確地做。用火本來就是人類活下來的文化；文化要傳承，才有意義。

當我跟著老獵人一起打獵

另外一個具有爭議的文化，就是原住民的狩獵了。

來到了山林，偶爾會認識一些原住民大哥，我也曾經跟原住民的耆老一起出門狩獵。還在平地的時候，對於屠宰畫面，我一直覺得過於殘忍，不敢直視。

第一次跟原住民狩獵，是基於好奇心。帶我的原住民是位老前輩，他在打獵前跟我說，在部落裡，他不隨便帶年輕人出門打獵，而且他習慣一到兩個人打獵，太多人，他不喜歡。

因為第一、打擾祖靈。第二、太多人打獵，容易誤判，導致打傷自己人，還容易干擾環境。第三、年輕人太血氣方剛，又過於衝動，撿不到的獵物也打，懸崖邊的也打、背不回去的獵物照打。與其說是狩獵，不如說是屠殺，所以他不喜歡帶他們村裡的年輕人狩獵，也不喜歡帶太多人狩獵。

當白面鼯鼠發出第一聲聲響的時候，我就跟著老獵人一起出門。夜晚的叢林真的鴉雀無聲，尤其打獵時會選擇在月色低沉的時候出發，不然明亮的月光會被動物看出你的位置。

整個森林只聽得到我與獵人的腳步聲，以及偶爾傳來的心跳加速聲。當明亮的頭燈照過去，那一抹瞳孔反光的影像隨即映射出來，無論是山羌、山羊，還是飛鼠，都躲不過獵人的眼睛。

當槍聲一響，劃破雲層，響徹雲霄，隨即而來的就是一條生命的哀號、殞落。

「刀子！快拿刀子給我！牠還有一點生命，要給牠最後一刀，死得痛快。」老獵人從我手邊接過刀子後，念了一串禱文，再朝著心臟筆直而有力地刺下去，獵物的瞳孔的光芒也漸漸黯淡。

帶著狩獵到的獵物返回部落，部落裡的族人隨即開始一連串屬於自己部落的SOP肢解過程。先將腳剁掉，再來看部落裡的人需要哪些部位，然後決定用燒毛，還是將皮毛取下的方式來取出最珍貴的肉類，最後把剩餘的臟器取出。

在冬天的夜裡，尖銳的刀鋒輕輕劃下，皮毛與肌肉中間還隔著一層膜，慢慢地將膜劃開後，還能感受到臟器所發出生命的最後一絲溫熱。

將胃部剖開，內部還有許多未消化完的雜草。晚輩還被交代：「千萬不要洗得太乾淨，不然那個『味道』就不對了。」

到底是怎樣的味道？至今我實在還找不到合適的形容詞去述說。

將膽囊小心翼翼地割下，深怕一不小心弄破，會導致苦味溢出，蔓延到各部位的肉，最後再將山肉丟到鍋裡烹煮，才宣告一天的狩獵結束。

狩獵不只是殺生

我曾經問了一位年輕的平地朋友，因為他也有過跟原住民打獵的經驗。我問他：「你覺得跟他們出去狩獵的感覺怎麼樣？」

他回答：「起初當然是覺得很殘忍啊，但我覺得有義務知道自己吃的肉到底是怎麼取用的，這就是生命過程的演變。如果我覺得這個過程只有純粹的殺生，那麼我就會排斥這個文化，也不會想跟他們一起出去狩獵了。」

另外，他還提到，最後他幫獵人握住山羊的腳，準備給牠奮力一擊的時候，他完全沒想到已經中槍的山羊，他卻仍然抓不住牠的腳。

在這掙扎的過程裡，他感受到，原來這就是生命的力量。雖然山羊最後死了，但他會更珍惜餐桌上出現的每道料理，因為這是牠們犧牲生命換來的一餐。反觀我們平地人，鮑魚、龍蝦、魚翅、燕窩，這些在宴會上很容易出現的料理，可是明明我們有很多東西可以吃，卻偏偏要去吃一些稀有、珍貴的，結果也很浪費地沒吃完，這樣我們平地人又有比較高尚嗎？

或許有些人覺得這世界上的物資已經足夠，為何原住民的狩獵文化仍然要保留？或許這就與外國人看我們為何要燒紙錢、賽豬公一樣，現今看起來已經沒有必要，但它卻深植在每個人、每個種族的血液裡，並被長期延續，也形成了文化。

英國哲學家羅素說：「人類生來存在著三個敵人。一個是自然，然後是他人以及自我。」人類為了克服自然或突破自我，因而尋求宗教，久而久之，我們有了宗教信仰，而當為了克服自然，才能生存，而狩獵也是生存方式之一，長期下來就演變成狩獵文化。那麼，若現在還存在著，是有任何理由嗎？沒有，但這些文化可能對我們以及對原住民來說就是一種曾經存在的證明吧。

其實我在寫〈用火與狩獵〉這篇文章時，心裡一直掙扎，因為我的想法不是站在機關的立場，而純粹是我個人的。希望看到這裡的讀者，也不要急著拿這篇文章去與林業保育署爭執，因為機關的考量與我本來就不一樣。

希臘哲學家德謨克利特說：「別讓你的舌頭搶先於你的思考。」好好靜下心來想想，如果我們是不同的族群，來自不同的出生環境，擁有不同的家庭背景與宗教信仰，我們如何看待自己的文化，以及究竟文化的傳承是義務，還是只是遵循體制的一種束縛呢？

消失在山林的那群人

四十年前墜毀的飛機

走到像是紀念碑的機翼面前，我點頭示意，我跟埋藏在這裡的前輩說一聲：「辛苦了。」

在大雪山最後的日子，那時候也快迎來下個冬天。快滿第四年時，某些原因，我來到了山下，本來以為會平淡無奇地過完最後的山上生活，但有時候山神或許想要跟你說些什麼故事，因此安排了一些意想不到的插曲，也總讓我對這片森林又驚又喜。

起床，睜開眼睛，我總是按照慣例地在辦公室泡今天的第一杯咖啡，算是入山前的一種儀式吧。看一下自己的巡視圖，檢查一下GPS，一天的例行性公事也正式展開。

我拍拍大樹，跟大樹說：「謝謝照顧。」

但不知道是哪裡來的靈感，想著趁下山以前，去檢查一下很早之前電影公司拍片時留下的痕跡，於是就走到過往的拍片現場。

尋著尋著，我還發現了一些騙人的假石頭（用保麗龍道具漆上石頭的顏色），於是開啟了認

真模式，開始繞著大樹，繼續找周圍的蛛絲馬跡。果不其然，還有些舊有的石頭道具被遺落在現場，不把它們敲碎，還真的是難以辨別。

因為還有很長的時間，所以我慢慢追尋以前的軌跡。看著電影裡烤火場景的大樹，我過去拍拍它，順便跟大樹講了句：「謝謝照顧。」

因為即將離別，所以當我坐在樹旁，山林的種種回憶也不斷浮現。

踏過殼斗科掉落的樹葉，劈里啪啦響，陽光輕輕灑落，青苔上面的露珠清澈動人。地表的水蒸氣隨著陽光曝曬，也消散成霧氣。這座森林像是幅潑墨畫，墨水倒在了紙上，暈開的墨，就像是無法掌握的局，祂想怎麼畫，你沒權利干涉。

風景愈來愈捉摸不清，慢慢地，我也愈走愈深入。有時候，看得到一些路跡，有時候卻要跨越重重樹枝。巡山就是那麼的有趣。

沉重又巨大的機翼

沿著綠色長廊不斷走著，或上或下的起伏。綿延的樹幹帶領你不斷地往前走，就像是有個精靈牽著你，叫你走到某個目的地。映入眼簾的不是什麼巍巍大山，也不是銀河倒瀉的瀑布，而是一面沉重又巨大的機翼，就躺在我的眼前。

那一刻，像是永恆一樣，畫面突然不會動了。似乎在等待著誰，也彷彿在悼念著誰。機翼像是個墓碑，而機翼上的駱駝圖樣就像是刻在墓碑上的亡者姓名。我像是一隻誤闖禁地的羔羊，如果要用遊戲來形容當時的場景，那就像「薩爾達傳說」裡，準備拔起大師之劍的畫面一樣吧。

我是誰？我在哪裡？為何這裡會有失事飛機？雖然曾經聽前輩說過在好幾十年前，這裡有飛機掉落，但實際在哪裡，前輩們也不知道。那麼，我今天是發生什麼事，為什麼突然就到這裡來了？為什麼？

我的心中抱著種種疑惑，來到機翼面前。沒有鮮花、沒有墓誌銘，唯一有的是一張護貝好的A4白紙，上面寫的是距今四十年前的歷史事件。

C-119、828、3194這幾個數字在這段歷史裡代表著什麼呢？民國六十八年的八月二十八號，距今已經四十四年。當時為了慶祝空軍官校五十週年校慶的「忠勇演習」，屏東聯隊奉命運送物資以及人力。那一天，聯隊103中隊編號3194的C-119運輸機，運送新竹聯隊41、42中隊的機務人員，結果中途遇到一場大雷雨，導致飛機失聯，空軍總部於是下令由12中隊進行搜索。

但因為墜機的地點在山區，飛機的殘骸都被森林包覆住，所以無法觀察到詳細的位置，於是派遣地面部隊與陸軍進行地面搜索，最後回傳回來的資訊，證實該運輸機於大雪山山區墜毀。

機上二十名人員全數罹難，包括分隊長彭添生少校以及五名飛行人員，還有多達十五名新竹基地的乘機人員。

等到搜救隊抵達，除了兩位飛官失蹤以外，其餘人員一一被證實在飛機上已罹難殉職，屍身皆已被陰乾，現場瀰漫著臘肉氣味。

當時因為罹難人員大部分都是維修人員，所以造成維修作業人員嚴重不足。

一張看似平常的Ａ４白紙，上頭以黑字輕描淡寫地描述了這段歷史，但其實這段歷史卻是非常的沉重。

看到機翼後，我接著看到扭曲變形的客艙，走沒幾步路，螺旋槳的形狀清晰可見，明顯看出是直接迫降在這片森林裡。這四十年的時光，機身早已經被樹幹穿過，大部分的殘骸也都被樹葉給掩埋，要搬運出來都是個浩大的工程。

面對整架飛機，我觀看了許久，繞了又繞，深怕自己漏看了哪些環節，最後走到像是紀念碑的機翼面前，我點頭示意，我跟埋藏在這裡的前輩說一聲：「辛

苦了。」機翼上方的駱駝徽章像是引領著逝者安詳地走向另一個世界，又像是沉睡在這片廣大無邊的森林裡。

巡山最迷人的地方

大雪山究竟想跟我說些什麼？從鳶嘴山，也就是我初次愛上爬山的山，再從無緣的雪山主峰變成該地方的巡山員，最後要離開的時候，又讓我見到了這段消失的歷史。

巡山永遠都是那麼的充滿未知數，會發生什麼事情很難預料，這也是巡山最迷人的地方。

曾經被遺忘在某片森林的一群人，在四十年後，我卻在森林裡與他們巧遇。一張A4白紙上寫著滿滿的心酸，彷彿希望不要有人前往打擾，因此，如果在森林裡不小心與他們巧遇，請記得跟他們說一聲：「謝謝你們，辛苦了。」

第二天，我帶了一支威士忌，放在機翼前面，想像自己正與歷史的先烈們乾杯。

保安林，保護您

保安林一肩扛起台灣人的生命安全

開了多次的協調會，民代、議員也都到場，從法規講到人情，最後卻責罵我們單位沒有人情，連個和尚吃齋念佛的地方都不願意提供給民眾。人情說不過以後就說到宗教信仰，說強拆廟宇的我們會有報應啦！

到了山下，很不一樣。做的業務，也很不一樣。我開始接觸到了新名詞——保安林。台中分署保安林有36個編號，面積高達九萬零二公頃。分布在台中、南投、苗栗、宜蘭各個縣市。

很多人問我，你來山下以後，你的轄區在哪裡，我實在一言難盡。因為我沒有巡視轄區……

但我調查的範圍卻是整個台中縣，從最西邊海線算起，大安、大甲、清水、沙鹿往南到霧峰，再來一路往東延伸，到豐原、石崗、后里、新社，最後再往山邊前進，一路到谷關還有大雪山，最後終點站就是花蓮、南投、台中的交界，梨山。也就是整個大和平地區，都是檢訂重點。

保安林有不同的使命、功能

保安保安，保你平安。保安林究竟是什麼呢？顧名思義「保護安全的森林」就是它的總稱。在人類與大自然間作為緩衝的林地，我們政府就會將它規劃為保安林。

保安林是在日據時期，差不多一九〇一年，由台灣總督府公布施行之台灣保安林規則及施行細則後，開始調查編入。

而這些保安林，它們都有不同的使命以及功能。

例如為了防止海岸線的狂風，所以會在沿海種植許多木麻黃，來阻擋強風，稱為防風保安林。而水庫周邊的森林為了儲存水源或是淨化水源，所以設置了水源涵養保安林。還有避免因為土石崩落，危及山腳下人民的性命安全，編訂了土沙捍止保安林。

保安林就像一座城堡，一肩扛起台灣人的生命安全。堡壘還在的時候，大家都覺得國泰民

安理所當然。但當城堡的磚牆碎裂了，不會有人注意，除非當城堡完全瓦解的時候，人們才會知道這片森林的使命與意義。

保安林檢訂隊的工作就是到所屬單位的保安林進行調查工作。每筆檢訂時間為期十年，十年到了以後要再進行複查。檢定的項目分別是地籍重劃、界樁調查、林相調查、坡度分析、坡向分析等各種數據。為的是希望十年後的保安林仍然賦予「台灣堡壘」的使命。

所以林相調查尤為重要，每天看著正射影像圖（空照圖），觀察水源涵養保安林是否有大規模土石崩塌，導致喪失水源涵養功能。再查看土沙捍止保安林是否有農民為了擴大果園面積，將森林砍伐，只為了他們短視近利的目光。畢竟十年才檢訂一次，會發生什麼變化都很難說。

這幾年做保安林檢訂最多的問題，該說是人類的發展，還是應該說是自私呢？有些人可能當初買完土地後，都不曉得

位於保安林上，或是故意裝傻、不知道。但他希望透過我們將他位於保安林上的土地解除編列。

因為保安林土地的規範其實對於一般民眾非常的硬，除非是政府重大政策或是國家安全建設，才有機會解除編列去運用。一般來說，要用於私人用途非常困難。

而有些人總是喜歡巧立名目，希望借用國家名義或是用不知道這裡是保安林為理由，只為自己的私欲與開發，導致許多事情本來很單純，後來總是變了調。

私人占用國有土地，最讓人頭疼

因此如果底線不踩好，很容易就會破壞到這片溫柔而堅強的森林。不知不覺保安林業務也從事了五年之久，在這些年裡，對於私人占用國有土地的案件，每次都讓我最倒胃口，再加上碰到的常是假仁義道德的宗教團體，例如宗教團體蓋

了偌大的寺廟，但不合乎規定，被我們檢訂隊與工作站找上門的時候，往往「見笑轉生氣」，翻臉不認人。

我曾經遇過在台中縣的一處深山地區，廟宇的部分面積是私有土地，但大部分的面積就位在保安林林班地裡。依照政府規定，這些沒有合法登記，以及早期沒有列管的建物，不應該存在於國家土地裡。

我也還記得曾經拿著單位最先進的儀器前往測量，座標點位也都顯示是國家土地，但開了多次的協調會，民代、議員也都到場，從法規講到人情，最後卻責罵我們單位沒有人情，連個和尚吃齋念佛的地方都不願意提供給民眾。

人情說不過以後就說到宗教信仰，說強拆廟宇的我們會有報應啦！議員最後搬出他認識林務局局長，說只要他說一聲，連局長都必須要下來開會，只是他不想讓場面那麼難堪啦。

唉，我真覺得如果局長是你朋友，那還真是倒楣，好事不會請局長，壞事卻都有局長的分。

這件事最終也不知結果如何（林務局已改成林業及自然保育署，林物局局長至今已換成署長）。

你的歲月靜好，是因為有人負重前行，當初新冠疫情爆發的時候，這句話撼動了我，但這其實不也就是保安林的寫照嗎？當我們能在台灣島嶼享受豐衣足食的生活，是因為仰賴各種天然地形的屏障，讓颱風災情不至於那麼嚴重。

也因為保安林的存在，除了讓我們不必擔心強風的肆虐、地震過後的土石流，甚至還擁有許多能帶來療癒的森林步道、動植物的棲地和多樣性，也讓魚類有了足夠的棲地、食物，還有保護區。

山與海本來就是息息相關、缺一不可。日本有一位「牡蠣爺爺」畠山重篤曾經說：「森林是大海的戀人」，代表海洋與森林本就是息息相關，如果今天有一方不見了，那另一方就有可能黯然退場。

走過歷史的弦

與過往的前輩心靈交流

當陽光照射過來，生鏽的茶壺似乎像是冒著煙，反射出來的光澤像是跟新的一樣，酒瓶與瓷杯就端坐在石牆上面。陽光灑落在瓷器與酒瓶上，彷彿大前輩們就在我們眼前淺斟、低唱，雖無絲竹管弦之盛，但一觴一詠，亦足以暢敘幽情。

到了山下，我做的許多業務其實跟在山上時很不一樣。除了本業的「保安林檢訂」以外，還夾雜著很多山上摸不到的業務，其中最特別的是文史調查的業務。

因為我時常不務正業，所以在大學時學了一些雜事，例如拍照、剪片、錄影、設計等。另外，

我對於山林走跳基本上也沒問題，因此就接到調查八仙山的過往的任務。

爬了八仙山後，我發現我錯了

初次接觸到八仙山，那時我剛進到社會，對於八仙山的認知很薄弱，我認為就是一座山，能有什麼好怕的，而八仙山是我們口中的八仙嗎？是呂洞賓、還是何仙姑？但等到爬了一次八仙山後，我發現我錯了。我跟朋友狼狽地下山，還好當時體能還夠，沒有求救。

等我當了巡山員，才更進一步地認識八仙山。而當我與一群志工老師挺進時，也才認識到八仙山是林業人的歷史與文化，它不只是谷關七雄的老大而已，也是台灣的三大林場之一。日治時期，台灣曾有三大林場，分別是太平山林場、阿里山林場，以及我們的八仙山林場。八仙山最容易讓人誤會的是它的名字，大家總是認為八仙山是根據八仙過海的八仙而命名，但其實不是。

因為八仙山的高度大約是八千台尺，而那時是日本人統治，所以他們就取諧音，將八千台尺的山叫做八仙山。

八仙山的歷史對我來說，總像小和尚念經，左進右出。也因為後來很多遺跡不是毀損，就是被破壞，或改建成別的東西。在完全沒有歷史痕跡的情況下，當志工老師努力講解著各種軌道以及規格、尺寸的時候，我的腦袋早已經不知道去哪兒神遊。

探訪每個聚落，看見鍋碗瓢盆、酒瓶

我實在很難將歷史軌跡與現今的八仙山合在一起。我對八仙山唯一的印象，就是那全長兩公里，爬升海拔一千五百公尺的八仙山伏地索道。

八仙山的歷史有很多人在研究，很多資料在網路與書籍上也都很容易找到，但對我來說，如果沒有實際看得到的建物，我很難有連結。

大雪山的伐木歷史之所以好研究，是因為很多前輩幾乎都有經過那個年代，但更早以前的八仙山歷史（日據時代），前輩幾乎都走光了，遺跡也都被破壞完了。於是我們與志工老師一同前往聚落去探勘。從佳保台探勘到清水台，從裡冷林道再到斜頭角。我們走遍了前人的遺跡，想要探出歷史的脈絡。

我們探訪了每個聚落，雖然聚落的遺跡多數早已消失，但所到之處都有一個共通點，就是我們能看到鍋碗瓢盆以及各種酒瓶。當這些遺留在世上，就像是告知我們晚輩，這裡曾經有人生活過。

日據時期的老照片，瞬間湧入我的腦海

如果要問我這場歷史探勘之旅印象最深的是什麼，除了那些壯觀的超大型斜坡伏地索道以外，我覺得就是與過去的前輩心靈交流了。

雖然幾乎看不見各種房屋的樣貌，但透過散落在地上的酒瓶，我們沿線追逐到了當年疑似為招待所的大型遺址。

而在一千五百到一千八百的海拔上，我們竟然看到了大片的蒲葵林，那就像是遊戲裡的畫面。我們順著蒲葵，沿路上去，還發現了神社的參拜道路。

好多日據時期的老照片瞬間湧入我的腦海。當陽光照射過來，生鏽的茶壺似乎像是冒著煙，反射出來的光澤像是跟新的一樣，酒瓶與瓷杯就端坐在石牆上面。

陽光灑落在瓷器與酒瓶上，彷彿大前輩們就在我們眼前淺斟、低唱，雖無絲竹管弦之盛，但一觴一詠，亦足以暢敘幽情。

探索清水台遺跡時，從裡冷林道一路驅車前往的路上，我們走了一條林蔭小路，似乎是舊時的鐵軌路。那片長滿青苔的翠綠林地，像是《魔法公主》的森林。走著走著，一個水藍色、印著奧林匹克標誌的酒杯，就躺在翠綠的絨毛地毯上。白色陶杯印著翠綠樹葉，跟酒瓶倚靠著。聽到他們的歌聲了嗎？雖然不曾聽過他們在身邊高唱，但由風聲譜出旋律，而一旁的樹木沙沙伴奏。

時代就是這樣，會被時間給掩埋，但隨著文物的出土，彷彿林業的時代沒有中斷。又或者那個時代雖然就像隨著這些酒瓶、瓷器靜止了，但經由我們的探訪，我們觸碰到了時間的弦，而走進了過往。

「在每個踏查的任務，我們都在走我們的歷史。」一起前往的志工老師在這趟行程回來時所說的一句話，讓我印象深刻。

踏查最有意義的一件事

「注意！樹要倒囉!!!」前輩的大聲吆喝，隨著巨木倒下的轟天巨響，八仙山的歷史隨著這神木倒下也開始落幕了，而當揚起漫天粉塵，往事隨粉塵飄到了台灣各角落，最後終要覆蓋結束。

在這將近荒廢一百年的林業歷史中，我們不小心踏了進來。像是個頑皮的小孩，不斷撥弄著歷史上的琴弦，探尋出自己最理想的那首樂曲。樂譜一直沒有完整的休止符號，就像是探勘見返瀧瀑布一樣，想去追尋它的美麗，卻苦不見它的身影，或許有天驀然回首，它就會出現在我們的眼前。如同見返瀧的名稱一樣，或許一回過頭來，我們就會看到它。

凡事也不用太強求。在這些踏查的過程，能走入到前輩的一頁，我已經心滿意足。在寫這篇文章的同時，我想到曾經在網誌寫到松鶴林場巷故事的小插曲，有個民眾寫感想來對我說，謝謝我們記錄了這一切，記錄了他家鄉的一切，他在外地看到很感動，也歡迎我們有空常去走走。這或許就是歷史踏查的一部分，歷史與人文永遠密不可分，或許後面的人不會理解我們做了什麼，但是現今有人感動，這就是我覺得這趟踏查最有意義的一件事了！

與山林不一樣的工作

我的粉專

任何採買高性能裝備或是更多、更好的福利制度，都是透過許多前輩流血流汗，甚至是死亡才換來的。

在鍵盤上反反覆覆打了幾個字，隨即又按了del，將前面的文字刪掉，好幾次都覺得沒有達到自己想要的語氣與文法。本來只是想抒發自己的情緒與巡山員不為人知的工作，不小

心就將自己的粉專漸漸地經營了起來。

小小的竄紅

最早的時候，我根本不想跟誰說我經營了這粉專，現在其實也一樣。我也不認為它應該是浮出檯面的粉專，它會默默地成為我取代部落格（有年代的東西了）的東西。

誰知有一天上完了「移除外來種埃及聖䴉」的課以後，我在粉專寫的內容被署裡同仁轉載，接著又被其他人分享出去，結果變成我晚上睡覺前與白天起床後都要到粉專上看民眾的意見。因為萬一民眾的意見與公部門的期待值落差非常大的時候，我必須立刻告訴長官，並討論如何處理。

那時候，我其實有點想把自己的粉專關了，因為好像是我做錯事。無論是正、反，民眾都會有話要說，而躲在電腦後面的人言詞更是犀利，不論是非對錯。這也是我第一次體會到小小的竄紅是一件多麼可怕的事。

但慢慢地，這粉專被愈來愈多人發現，有點違逆我當初不想被發現的初衷，而粉專的名稱——「浪漫巡山員」這五個字，似乎變成了一個刻痕。雖然聽起來很俗氣，但是叫起來卻又有點親切。本來我要改粉專名稱，例如改成山林札記，或山林手札之類有文青氣息的名稱，心想未來如果有經營咖啡店，或許還可以沿用下去，但久而久之，也懶了。

二〇二〇年的馬崙山大火，翻轉粉專的命運

至於二〇二〇年的馬崙山大火，則是徹底翻轉了我經營粉專的命運。以前在經營無名小站（更是年代久遠的產物），還要整天掛機BBS，只為了取得5G相簿容量，而一篇文章若有五十個人來按讚，我就偷笑了。誰知道一篇寫火災的文章，卻深深地觸動到每個愛山人士的心坎裡。

那一篇文章的內容從被新冠疫情感染、出來救火、遇到大旱、烽火連天，最後天降甘霖，現在如果要我再寫一遍，我早已忘記當年深刻的印象了。

我只記得主任邊淋雨邊騎車，最後露出的那一抹微笑，以及當同事大喊：「收！工！了!!!」我們每個人都高聲歡呼的振奮人心場景，因為每個人都被留在山上數十天了。

其間的辛苦過程與危險，我早就都忘記了，但我還記得那篇文章的按讚數以及轉發，快要六千還是八千人，不過我覺得這不是我的功勞，會有這麼高的關注都是因為許多人的分享與關

心，於是我立下心願，要是最後某天的按讚人數來到多少，我就捐出多少金額來回饋社會。

後來有一天，我媽刷了存摺簿以後，還問我：「你怎麼會有一筆那麼奇怪的匯款數字？」老媽，抱歉，但「巡山員的浪漫」這句話，我實在說不出口啊。

開始許多人生的第一次

當年要報考巡山員時，很多訊息都是封閉的。後來很多要考巡山員的後輩，就會來粉專問我當年我也感到很疑惑的事，後來透過這粉專，讓從未在媒體上露臉的我，不斷地接受各種訪問以及專題報導。連莫名其妙的《綜藝大熱門》都讓我解鎖了，不過應該也不會有第二次機會了吧（笑）。

人生第一次上公視節目、台視財經、廣播電台，還到警廣去做訪談。幫《皇冠》雜誌寫了一篇文章、幫《山神》的書寫短文推薦序、《健行筆記》也來邀稿，一切的一切其實都還滿不可思議的。

本來是關起門來做自己的生意，突然變成這扇門無意間被敲開，硬要我開門對外做生意。不過，有時候覺得，如果透過這粉專能讓大眾更明白山林知識，有何不可？於是漸漸地，粉專也

衍伸閱讀

祈禱希望 生態永續

Pray for ecological sustainability.
Hope that the biodiversity will last forever.

就一步步地寫下去。

錯的是隱藏事實的人

經營粉專當然不可能一帆風順，尤其是寫了一些家醜之類的事，而壞事總是傳得特別快。

記得某年，我一直被很多承辦詢問關於預算能買到什麼堪用檔車的問題時，我有點耐不住氣，於是在粉專上責備了這些不食人間煙火的高官——當便當的預算不夠時，總是能在最短時間內拉高便當核銷金額。但當我們真的要面臨裝備採買時，很多地方都說錢不夠、預算不足、價位太高之類的來阻擋。

不只是我們，這也是軍警消防共同遇到的問題。是否總是寧可先滿足長官、貴賓的肚皮，我們的事情還沒出事，就不用考慮，等出事了再來煩惱。

當我在粉專寫完那篇文章以後，被署裡的長官看到，然後就開始層層檢討，最後說我為何會不跟長官討論就把這篇問題寫出來，以及署長為何不知道我們的困境等等。

署長怎麼可能會不知道我們多年的問題呢？很多護管員早就反映過了。而我認為我們沒出事就不會有人檢討，但出事了再檢討，對我來說就是一場作秀行為。任何採買高性能裝備或是更多、更好的福利制度，都是透過許多前輩流血流汗，甚至是死亡才換來的。

但在沒有流血與死亡之前，讓長官看到我們難處，並且調整，不是很好嗎？

自從那件事發生，當某位長官蒞臨我們分署，同仁還希望我能在飯局上不要出現，以避免尷尬。從此之後，有他的飯局與活動，我也不會出現。

此後，我雖然知道用筆可以推廣各種正面事蹟，但相對地，要摧毀一個單位與人也很容易，漸漸地，我對很多事情雲淡風輕、笑笑就讓它過去。如今若再發生什麼事情，我總是說：「我早就知道了，只是每個人都想當個『善良的人』。無知不是你的錯，錯的是選擇隱藏事實的人。」

生而為人，我很慚愧

山林裡，五種令人頭痛的人

很多人都對我說：「你可以選擇不要管，你也可以善盡勸導的責任就好。」這些道理我都懂，但我就是做不到。

這篇文章的標題〈生而為人，我很慚愧〉，靈感是來自太宰治的小說《人間失格》裡的「生而為人，我很抱歉」。「生而為人，我很慚愧」這句話很沉重，但卻很貼切地表達我心裡的感受。為什麼呢？這是我對於之前北得拉曼封山的感觸。

北得拉曼封山的原因

北得拉曼之所以會封山，是因為遊客太多導致後續各種脫序行為出現，在不得已的情況下，當地居民希望能夠管制，並且限制進來的遊客。

或許，很多人對於北得拉曼山的居民很不諒解——為什麼需要封山？他們憑什麼要封山？不就是要錢而已嗎？

但如果我們把山當成「家」來看待，或許一切就說得通了。如果你今天邀請朋友來家裡作客，你發現朋友上完廁所大小便卻不沖水；朋友吃完東西後，將垃圾隨手一丟，要你幫忙清理；有樓梯可以走上樓，朋友卻嫌走樓梯太慢，堅持要爬窗戶上樓；上樓後，還在牆壁上刻下斗大又難以清除的「XXX到此一遊」，紀念今天有這麼一件難以忘卻又開心的事情。朋友的開心卻是建立在你淌血的心上，只是因為朋友是客人，你盡可能不跟朋友計較。

我是不是不適合擔任巡山員了？

前一陣子，還在鞍馬山的我，也是經歷了各種山林亂象，讓我面對很多事情都灰心喪志、心灰意冷。很多時候，我都想乾脆睜一隻眼閉一隻眼，但每次又都與自己的良心、道德過不去。在面對自己的道德觀快要崩潰的邊緣，於是想到了太宰治的這句話「生而為人，我很慚愧」。

唉，人類為何如此的自私又自利？

每次在山上巡視，總是會遇見許多讓自己無奈的事情，即使我一而再，再而三地勸導遊客，但仍然就像是永無止境的夢魘般一直襲來，壓得自己喘不過氣。

很多人都對我說：「你可以選擇不要管，你也可以善盡勸導的責任就好。」這些道理我都懂，但我就是做不到。

巡視山林本來應該是愉悅的心情，面對大自然更應該是要開心快樂，但那一陣子，我的內心是愈來愈痛苦，偶爾都會想，如果我什麼都不管，是不是會開心很多？但一看到遊客在山林裡亂丟菸蒂，我仍會怒瞪遊客，看到遊客亂走捷徑，我規勸遊客，但卻一點用都沒有以後，我的脾氣愈來愈難以壓抑，有時候甚至覺得自己是不是不適合這份工作了。

於是漸漸地，我更能理解北得拉曼的居民為何會採取封山這麼激烈的舉動，因為這片森林就是他們的家，他們不得不這樣做，遊客才不會大肆破壞山林，又這麼得理直氣壯。

如果我們把上述的行為套到了森林裡：

邀請朋友到家裡作客＝走入森林裡。

上完廁所不沖水＝在森林裡大小便，不掩埋。
不走樓梯，爬窗戶＝正規步道不走，偏偏要走捷徑。
諸如此類的行為，當發生在自己家裡時，大家都不願意，更何況是在森林裡？大家都不喜歡自己的家被破壞。如果森林是我們自己的家園，誰希望它被如此對待？但是，我們無法像北得拉曼的居民說封山就封山，畢竟公部門有公部門的原則與規定。當法律沒說不可以的時候，痛苦我們只能往自己的內心吞。等到真的發現事情很嚴重時，其實都為時已晚，接著就是頭痛醫頭、腳痛醫腳的無用方法。
或許「生而為人，我很慚愧」這句話，讓很多人覺得太過嚴肅、沉重又有壓力，但這卻是實實在在地發生在我的身上。因為對於現況不滿，又無法改變，漸漸地，認為自己喪失當人的資格。

在山上，五種令人頭痛的人

開放山林以來，各種亂象層出不窮，前陣子《戶外風格誌：OUTSiDERS》也因為這些問題，希望用我的視角整理出曾經在山上遇過哪些讓我很頭痛的問題人物，於是我整理了五種類型。

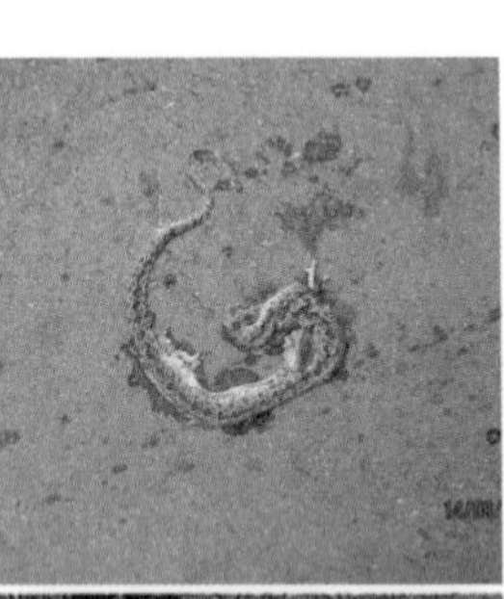

第一種人就是出門總喜歡把生命掌握在別人手上的那些人。不準備地圖，也看不懂地圖。迷路了，無法說出自己在哪裡，更別奢望他會精確地報出衛星點位了，讓人苦笑每次找人乾脆都先擲筊好了。

第二種人就是嚮導沒有負起應該負的責任。例如進到山屋，頭燈應該使用紅光，避免光線直射別人。凌晨出發前，請前一晚把行李都收拾好，不要半夜醒來鍋碗瓢盆互相撞擊，像是打雷一樣。還有該休息就要休息，曾經同伴在369山莊凌晨起來上廁所，經過隔壁床的時候，山友不睡覺就算了，還把頭燈由下往自己臉上打，戴個眼罩盤腿而坐，差點把同行友人嚇得半死。

第三種就是喜歡走捷徑，破壞水土保持，還屢勸不聽的人。真的有本事爬山，並不差走捷徑的那幾分鐘。

第四種人就是喜歡將果皮、粽葉、果核亂丟的那些人。他們總覺得這些是天然物品，大自然會接納它，並且吸收它，所以丟得理直氣壯，因為他們認為這些是可以腐壞的東西。

但大家似乎都忽略掉一點，高山的溫度寒冷，你把食物放在冰箱裡，你覺得囤積的速度比較快，還是腐壞的速度比較快呢？因為腐壞的速度不快，所以很多果皮以及上面的殘渣，有可能就會變成野生動物的食物來源，徹底影響了野生動物的覓食習慣。

還記得這幾年來不斷有人拍到黃喉貂的照片嗎？以前明明沒什麼人看過，牠在台灣是珍貴、稀有的保育動物，所以是這幾年保育有成嗎？我想並不是，而是因為大量山友的湧入，將廚餘、殘渣隨意亂丟，導致黃喉貂的覓食習慣改變——只要在特定地方、特定時間，就可能會看到黃喉貂家族出來覓食。這些其實都是亂丟廚餘、果皮等天然垃圾所導致的後果。

除了動物族群的習性可能被改變，有時候人類的食物對野生動物的內臟可能會有太鹹，或化學成分無法代謝，導致會有更多的疾病發生。

另外，如果大家丟的速度比腐壞的速度快，那麼不久後就會看到玉山山頭不再是白雪皚皚，而是各種香蕉、橘子等五顏六色的果皮。所以帶什麼上山，麻煩也請把它們一起帶回山下。

第五種人就是大「屍」級人物——用誘拍以及餵食等各種不當方式拍攝鳥類或是生態的攝影

「屍」。這樣沒有靈魂的照片，只為了按讚率與點閱率，但更嚴重的是可能破壞植物棲地以及動物習性。

依然記得山林所帶給我的美好

我從來不喜歡把登山寫成是如此嚴肅的一件事，但是在山上看到了太多忿忿不平的行為，我的很多悲痛無法宣洩，只能透過文字的書寫，將心裡最深層的不滿，徹底透過文字一點一點地宣洩出去。

當然在宣洩的過程中，我還是記得山林所帶給我的美好。例如之前與朋友爬山時，遇到一對父子。爸爸與小孩拿著鐵夾，他們在山林裡當起清道夫，撿起遊客順手丟的垃圾。

雖然「生而為人，我很慚愧」，但我好像又看到一絲人性善良的光輝。希望這一點點的光芒，可以為我逐漸黯淡的心靈照射出一條月光海。

【結語】

從山林回到大海

我的眼神本來空泛，但卻又被森林給治癒了一遍。如果今天森林是這樣治癒我們，那麼，我應該如何回饋給這片土地？

「這份工作一點都不浪漫，浪漫的是這環境給了我們堅持下去的動力」，這是我當初在粉專裡所寫下的第一句正經的話。

從當初不經一事，不長一智的小伙子逐漸在這單位裡慢慢地成長。本來只是想要漫無目標地經營自己的小小天地，說說自己不一樣的生活，卻不小心將這九年的工作歷練，寫成了一本書、譜成了樂章。

原來，山和海的距離是如此地近

另外，也因此認識了很多志同道合的夥伴，例如一位從事海洋保育的志工這樣問我：「你知道嗎？在雪山主峰可以拍到台灣最遙遠的東北端——馬崗。如果你有從雪山拍到的馬崗照片，可以給我嗎？」

那時候，我才知道原來山和海的距離是如此地接近。

雪山山脈最南端由南投縣名間鄉濁水溪北岸的濁水山開始，經過千萬年的物換星移，山脈的盡頭隨著時間，推到了新北貢寮的三貂角，而在三貂角燈塔的下方，有著極東漁村之稱的——馬崗漁港。

這就像是一條生命線。生命的起源由海洋開

始，隨著地形更迭，出現了山，造就了森林，森林蘊藏了水源，而水源再回到了大海，大海再孕育出各種生命，擁抱著山。

每次都很想把辭職信遞出去

或許在工作上總是會遇到很多不開心，或是有很多不明事理的人，讓我每次都很想把擬在心中的辭職信給遞出去。其次，法規的無奈，至今政府還無法給我們巡山員一個正式的名分，卻期待我們無止境地燃燒自己的熱忱。

「莫忘初衷」這四個字，我都不知道被自己的立可白塗塗改改了幾百回。每次我都想拋棄自己的原則，但又不想違背當初進來的初心。幾杯黃湯下肚，烈酒燙過心臟以後，只能以空泛的眼神

繼續迎接明天的到來。

繁星點點的星空下，我們互相道別。我跟山神說了一聲晚安，結束了一天的行程。下班的夜晚，海拔兩千公尺升起下午剛劈好的薪柴火焰，冉冉火光間，與同事互相說著情感上的八卦。慵懶的沙發上傳出吉他旋律，配著輕柔的歌聲在辦公室響起，而樓上的歌唱空間傳來的是遇人不淑的各種情歌。

早晨的咖啡，與主任的閒聊。一抹來自北海岸的風輕輕吹拂，山櫻花與暖冬的驕陽譜出了一首舞曲。

我的眼神本來空泛，但卻又被森林給治癒了一遍。如果今天森林是這樣治癒我們，那麼我應該如何回饋給這片土地？

我該如何對山林告白？

翻著許多與山岳相關的書籍，我在想自己要如何對山林告白。我不像雪羊學富五車，信手拈來的就是各種歷史與探勘。我也不像郭熊，在《走進布農的山》一書裡，有那麼多的經驗以及與黑熊相關的獨特故事。看完《女子山海》，我的文筆也不如張卉君與劉崇鳳那樣的細膩及夢幻。讓我述說巡山員的故事，又不如海德威的《山神》那樣充滿愛情跟冒險，我到底為何現在坐在電腦前打著這準備要迎來結局的一本書？

翻開地圖，看著森林的林相、溪溝、高山的縱谷、可以休息紮營的鞍部。任憑等高線在指尖上的游移，海拔從八百公尺、一千五百公尺、兩千兩百公尺，一直到台灣最高三千九百五十二公尺，我們對於每筆地形地貌，還有野生動植物都瞭若指掌，但到了由三十七個注音符號拼起來的字裡行間，我卻一直無法順利地寫出這些年來的經驗。

本來要跟森林告白，這心情就像是當年畢業後想跟心儀女生告白，卻鼓不起勇氣說出來的我一樣，情書還靜靜地躺在家裡的某個角落，任憑光陰逝去。如今那女孩已經當了別人的太太，我卻還是光棍一根。

那些跟森林的告白什麼的，還是被我從電腦上一字一字地刪去。仔細想想，有時候還是像這樣平淡無奇的感情最適合我了。

思念與感情，我想會隨北風一起從豐原的某個角落吹到那三千八百八十六的雪山主峰，我想……您知道，我是在想您的。

已經想好遺書的第一句了

看海是醉，看山是迷。對於山，我是又迷又醉。曾經討厭自然，一度是阿宅的我，很難相信最後選擇了這份職業。本來想用寫給家人的遺書，當作是此書的最後一篇章節，因為巡山的過程總是危險又艱困，每次都覺得沒交代好遺言，一個不小心踉蹌摔到谷底走了，到底該怎麼辦……我都想好遺書的第一句是：「如果我走了，請不要打開我床底下的箱子，直接銷毀就好，謝謝。」但後來經過這本書的文字洗滌，我認為巡山員的浪漫，甚至是林業人的浪漫，才是我的出發點，太沉重的遺書反倒不適合在這裡出現。

剛大學畢業，在找工作的期間，曾經因為朋友關係，我到銅門國小拍攝偏鄉畢業照，那時在國小住了一個禮拜。記得剛進學校正門口時，我看見的校訓，一直深植我心——「主動打招呼、認真打掃、物品歸位、不麻煩別人、在校內找樂子做。」看到了沒？「在校內找樂子做」，這對於受正規教育的我實在無法體會。

沒想到，等我當了巡山員，到了森林以後，確實處處都需要自己找樂子，我也才完整地瞭解銅門國小的校訓，並不是在培養你成為在社會上多成功的專業人士，而是期許你成為能享受生命的人。

一隻將死而珍貴的第三類珍貴稀有昆蟲：曙鳳蝶。

台灣美豔、動人的蝴蝶，我們知道有幾種呢？

隨著開放山林的到來，我知曉政府是希

望民眾除了學習課本裡的知識以外，更希望能認識台灣的山有多高、海有多深，而身為台灣的子民有多驕傲。不過，或許這一切來得太快、太突然，除了少了完善的配套，加上民眾的山林觀念也有待提升，因此我們還有好長的一段路要走。

台灣的百岳，我們爬過多少座了？台灣美豔、動人的蝴蝶，我們知道有幾種呢？而在這不到四萬平方公里的島嶼國度，我們知道有幾種昆蟲與鳥類，是讓國際學者遠渡重洋到這裡來收集資料以及觀賞呢？

郭熊的書最後一句寫著：「放下書本，準備下山。」而我呢？收拾手邊的物品，背起行囊，闔上書本，準備上山。巡山又是一天的開始，因為這是我的工作。

【後記】我才不會去當巡山員呢！

計畫比自己規劃得還早了一點。我坐在電腦前，開始打起了關於巡山員的種種回憶以及故事。從來沒想過會用這種形式出書，也沒想過會有寫書的過程。看著桌上種種的木藝品以及牆上滿滿的照片，總是能想起在山上的種種日子。

以前念書的時候從來沒想過登山這件事與我有關，看著別人背負著二十公斤以上的背包在稜線上不疾不徐地走著，心裡除了敬佩以外，剩下的只有：「我未來才不會去做這件事呢！那麼累的爬山，誰想去做！」

沒想到到了三十來歲的我，卻在這行業已奮鬥了九年之久。回過頭，再重新去想自己與山到底是如何產生這麼奇妙的緣分，又或是我的人生突然產生了什麼化學變化。

國中時期除了念書以外，沒辦法有其他興趣。如果有，那多半是父母給你的最大恩惠。所以除了念書、看漫畫跟玩電玩，陽光、戶外的形象實在很難與我聯想在一起，甚至還多了一些陰暗跟阿宅。

我的成績不算差，但也好不到哪裡去。那時候以升學為導向的我們，除了一中外，最壞的選擇就是二中了（我這裡不是在說二中不好），但我偏偏連二中都摸不上邊，就這樣在父母口中「男生應該念工科，女生才能念商科」的觀念、背景下，念到了台南高工電子科。父母應該是希望自己的兒子沒有第一學府的名聲，但還有個科技新貴的名詞能夠光宗耀祖，以及那令人稱羨的紅利與股票？

小時候的我，總是喜歡在爺爺住的眷村裡東奔西跑。騎著腳踏車，被野狗追逐，穿梭在田野的紅花綠葉間，聞著青草香氣，泥土芬芳，然後喜歡把香蕉樹鬱閉的大片葉子封閉起來，當作自己獨一無二的祕密基地。

那時候，我還是個連昆蟲名字都叫不出來的年紀，但沒事就喜歡在草地裡追逐蝗蟲、蚱蜢，然後還喜歡把花圃裡的紅磚頭拔起來，因為裡面有很多意想不到的昆蟲，例如蚯蚓、蜈蚣、馬陸，而這些都是基本款，其中我最喜歡的還是那灰色、像蟑螂，又有點像是現在大家做成料理的大王具足蟲的超級迷你版，一種遇到危險時會縮成一團的昆蟲。

我也不知道自己是從哪裡知道的名稱，但在我很小的時候，我就知道這種蟲叫做鼠婦。長大後，才知道日本把這種蟲叫做丸子蟲抑或是糰子蟲。然後我總是喜歡把鋁製大浴盆放在屋前的院子，把剛抓到的蟲子放到浴盆裡，觀察牠們的樣子，這樣也才是我一天的開始。

但升學的壓力、都市的生活，讓我忘記了曾經的快樂。不知道何時開始，我早就忘了鼠婦這種昆蟲。

國小上美術課時，還因為課程實在太無聊，所以我捉了一隻蝗蟲，結果不小心恍神，讓牠在教室裡四處飛舞，害一名女同學嚎啕大哭，最後我被老師要求當著全班的面跟同學道歉。

我也忘記下雨時在大王椰子樹下捕捉蝸牛的日子，更不記得以前還有徒手抓蝴蝶的能力……原來，我從國中開始就已經被囚困在都市的牢籠裡。

不過，隨著文章的書寫，記憶就像是漫畫《全職獵人》裡揍敵客家族的試煉之門，隨著經驗值增加，不斷地被推開。那懵懵懂懂還在玩泥巴的日子就奠定了我當巡山員的基礎與性格，只是之前都被隱藏起來了。

讀電子科時，我一直以為程式碼會變成我的血管、電路板會變成我的器官，而晶圓會取代我的大腦，就算不是台科大的料，少說也有高雄第一或是高雄應用科技大學，讓我一圓父母的科技新貴夢想。但夢想終究還是夢想，事與願違，就跟國中一樣，一中還有二中就這樣滑出我的生命。高職畢業後，我也掉出工科所謂的前幾志願。人生的主審裁判準備喊出兩好三壞，即將出局的時候，歪打正著的球棒卻在關鍵時刻，將棒球揮到了台中技術學院（現今台中科技大學）的多媒體設計。

人生到底是要多麼的事與願違!!!

大學換到了設計，我也透過各種課程，認識了攝影這門科目。從不是設計人的我在設計路上跌跌撞撞，攝影卻成為我堅持下去的創作動力。俗話說攝影窮三代、單眼毀一生。從大學畢業後進入社會到現在，我的攝影器材費用已經是可以投資一台小車的價格，但我還是不知道自己想要的是什麼。

從讀大學開始，很多事情父母開始無法幫我做決定，不過因為攝影讓我開始有了攝影夢，而當我接觸《國家地理雜誌》、《台灣山岳雜誌》，我幻想自己有一天也能像《國家地理雜誌》的攝影師一樣上山下海，拍上許多大山大海，或是與戰地攝影師一樣，有著驚心動魄的冒險，而現在想想……好像買一台車子的選擇是比較正確的吧（笑）。

我認識了攝影、認識了愛爬山的老師。仔細回想，一切都是從這裡開始。

當巡山員以前，我爬過的山沒有幾座，只是偶爾會跟親戚去走一下那些長輩口中的觀音山、獅頭山。不過，我曾在高中時什麼都沒準備，就跟著家人去爬鳶嘴山，當時我以為就跟到公園逛逛、郊山（泛指海拔一千五百公尺以下，通常可以一天來回的山）一樣。那是二〇一三年的家族旅遊，大家就開車上大雪山，準備攀爬鳶嘴山。

我看著櫥窗裡洗出來的泛黃照片，當時沒有帶保暖外套，穿牛仔褲、棉質衣物。親戚的衣物也好不到哪兒法，西裝褲、皮

鞋……然後一行人就這樣浩浩蕩蕩地往鳶嘴山頭前進。

現在回過頭來想，這真是一個有夠危險又白目的行為，好在大家都平安下山，且還把稍來山一起走完。只能說當年的親戚們的體能也真的不在話下，所以度過了一場有驚無險的危機。

在大學時期，我認識了學校的圖書館館長，他在雪霸國家公園擔任志工。要畢業時，館長說了一句話，「我有點想念雪山啊……」館長夫人也在旁邊附和：「對啊，翠池那邊好夢幻，我也好想再去一次！」而當我對雪山與翠池都毫無概念時，沒想到，我已經連同一群工讀生就被帶到雪山登山口。

而這竟然是我第一次正式攀登百岳，果然老天爺就是最愛跟你開玩笑的那位。

雪山是台灣第二高的百岳，標高三千八百八十六公尺。三八八六真是個美麗又夢幻的數字，而其中的圈谷更是能見證台灣當時冰河時期的歷史痕跡。

不過，當我第一次初登雪山時，這兩樣壯觀的美景，我一樣都沒見到！本來我以為會有什麼新手運啊，老天會給我們一個大晴天的……沒有！什麼都沒有!!

記得當時一行人在七卡山莊吃飯、過夜，那時已經起了大霧。隔天淋著小雨，經過了箭竹洗車場。踢著又臭又長的林道，在哭坡前還邊罵邊走，就這樣到了雪山東峰，但最後因天氣不好，只好撤退。

我實在覺得心有不甘，於是大約隔了一個月，我們又安排一次雪山主峰與翠池的行程，但不知道隊伍裡到底躲著哪一位雨神，第二次的行程依然是撤退收場。

那是我第二次接觸了百岳，但老天爺繼續與我開玩笑。

不過，在第二次的東峰行，當一行人覺得丟魂失魄，討論應該要撤退之時，老天爺卻開了一個大約可以看見雪東停機坪的視野能見度，應該就是攝影裡說的耶穌光乍然灑落在眼前，任憑寒風呼呼地吹。

我還記得從東峰望過去的綿延的山稜，讓我的內心澎湃又激昂。那樣的綠是如此地奔放、灑脫，就像我的內心有隻不羈放縱、愛自由的馬奔跑著。無奈的是，當我正沉醉時，老天爺卻又隨即把洞遮蓋，讓人再也看不見。

是這個意思嗎？當給你太多，你就不會珍惜，但當搔到內心癢處時，你無論如何都想見上祂（雪山主峰）一面。最後，我只能抱著遺憾去屏東龍泉當了一年的海軍陸戰隊。

當兵這無聊的一年，我無時無刻都在想大學時期的遺憾。

「搞什麼東西啊！不會排隊，是不是？」「動什麼動?!菜蟲都掉下來了，還動！」部隊裡，班長嘶吼的叫聲，瞬間將我拉回現實。

每次我在大兵日記裡寫的不是家人，就是女友，再來就是我思思念念的雪山山頭。我一直幻想有朝一日，我一定會去看那座聖山。

當兵站哨時，看著偶爾才會露面的屏東聖山——北大武山，特別是天亮時的哨，若望向北大武山，就像是給這苦悶的軍旅威士忌，加了一點甜甜的北大武杏仁利口酒的香甜氣味。洞四洞六的哨（凌晨四點到早上六點）站了都會笑。

進入社會後，我接連做了許多與大自然八竿子打不著的工作，攝影助理、顧問公司、設計公司……就在一切以為自己會在台北展開新生活，突然……朋友從社群軟體分享了

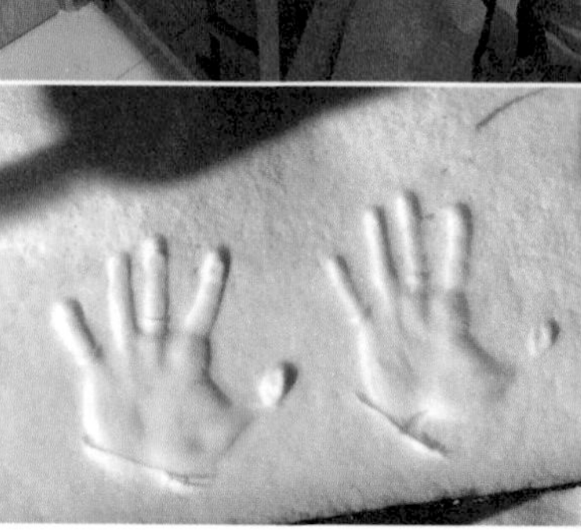

一則連結給我，那是林務局要正式招考森林護管員，而我就在還沒弄清楚巡山員到底是什麼職業，也不知道將來自己的轄區有多偏遠的情況下糊裡糊塗地報考了，而一轉眼，我就在這裡做了快要九年的巡山人生。

「有準備過嗎？」

「沒有啊，吃著火鍋，唱著歌，撲通一下掉到水裡，出來就到這了。」（《讓子彈飛》的電影台詞）。

願在山裡工作的每位同事平安。

【新書簽講會】

《浪漫巡山員——從海拔0到3000公尺，熱血堅毅的台灣山林守護者》

阿步（浪漫巡山員）著

2024／08／18（日）

時間｜下午三點-四點半

地點｜金石堂台中店（台中市東區南京路66號2樓，秀泰生活台中站前店）

洽詢電話：(02)2749-4988

＊免費入場，座位有限

國家圖書館預行編目資料

浪漫巡山員：從海拔0到3000公尺，熱血堅毅的台灣山林守護者／阿步（浪漫巡山員）著.—初版.—臺北市；寶瓶文化事業股份有限公司,2024.08
面； 公分,—（Vision；257）
ISBN 978-986-406-426-7（平裝）
1.CST: 林業管理 2.CST: 森林保育 3.CST: 職業介紹 4.CST: 通俗作品
436.07 113010092

Vision 257

浪漫巡山員——從海拔0到3000公尺，熱血堅毅的台灣山林守護者

作者／阿步（浪漫巡山員）
副總編輯／張純玲

發行人／張寶琴
社長兼總編輯／朱亞君
主編／丁慧瑋 編輯／林婕伃・李祉萱
美術主編／林慧雯
校對／張純玲・劉素芬・陳佩伶・阿步
營銷部主任／林歆婕 業務專員／林裕翔 企劃專員／顏靖玟
財務／莊玉萍
出版者／寶瓶文化事業股份有限公司
地址／台北市110信義區基隆路一段180號8樓
電話／(02)27494988 傳真／(02)27495072
郵政劃撥／19446403 寶瓶文化事業股份有限公司
印刷廠／世和印製企業有限公司
總經銷／大和書報圖書股份有限公司 電話／(02)89902588
地址／新北市新莊區五工五路2號 傳真／(02)22997900
E-mail／aquarius@udngroup.com

法律顧問／理律法律事務所陳長文律師、蔣大中律師
如有破損或裝訂錯誤，請寄回本公司更換
著作完成日期／二〇二四年六月
初版一刷日期／二〇二四年八月
初版二刷日期／二〇二四年八月一日
ISBN／978-986-406-426-7
定價／四三〇元

寶瓶文化・愛書人卡

感謝您熱心的為我們填寫，對您的意見，我們會認真的加以參考，
希望寶瓶文化推出的每一本書，都能得到您的肯定與永遠的支持。

系列：Vision 257 書名：浪漫巡山員——從海拔0到3000公尺，熱血堅毅的台灣山林守護者

1. 姓名：＿＿＿＿＿＿＿＿ 性別：□男 □女

2. 生日：＿＿＿年＿＿＿月＿＿＿日

3. 教育程度：□大學以上 □大學 □專科 □高中、高職 □高中職以下

4. 職業：＿＿＿＿＿＿

5. 聯絡地址：＿＿＿＿＿＿＿＿＿＿＿＿＿＿＿

   聯絡電話：＿＿＿＿＿＿＿＿＿＿

6. E-mail信箱：＿＿＿＿＿＿＿＿＿＿

   □同意 □不同意 免費獲得寶瓶文化叢書訊息

7. 購買日期：＿＿年＿＿月＿＿日

8. 您得知本書的管道：□報紙／雜誌 □電視／電台 □親友介紹 □逛書店
   □網路 □傳單／海報 □廣告 □瓶中書電子報 □其他

9. 您在哪裡買到本書：□書店，店名＿＿＿＿＿＿＿＿＿＿ □劃撥

   □現場活動 □贈書
   □網路購書，網站名稱：＿＿＿＿＿＿＿ □其他＿＿＿＿＿＿＿

10. 對本書的建議：＿＿＿＿＿＿＿＿＿＿＿＿＿＿＿

11.希望我們未來出版哪一類的書籍：

（請沿此虛線剪下）

亦可用線上表單。

讓文字與書寫的聲音大鳴大放

寶瓶文化事業股份有限公司

廣 告 回 函
北區郵政管理局登記 證北台字15345號
免貼郵票

寶瓶文化事業股份有限公司收

110台北市信義區基隆路一段180號8樓

8F,180 KEELUNG RD.,SEC.1,

TAIPEI.(110)TAIWAN R.O.C.

（請沿虛線對折後寄回，或傳真至02-27495072。謝謝）